"十四五"高等职业教育系列教材

CAD工程制图

李艳春　梁　腾　陈　颖◎主　编
王宏刚　段顺霞　杜金晶　郗美艳◎副主编

中国铁道出版社有限公司
CHINA RAILWAY PUBLISHING HOUSE CO., LTD.

内容简介

本书是“十四五”高等职业教育系列教材之一,系为满足高等职业院校“CAD 工程制图”课程教学需要而编写。本书分为基础篇和实践篇,其中基础篇共有四个学习项目十二个任务,分别介绍了 AutoCAD 二维绘图命令、二维图形编辑命令、文字、表格、标注、工具等知识;实践篇共有三个学习项目九个任务,以公路工程、通信工程、电子电路制图实践为主,提升学生的综合操作技能。

本书采用项目引领、任务驱动的思路,以任务为载体,任务设计从简单到复杂,每个任务包括任务分析、任务目标、绘图准备(或难点点拨)、实操贴士、同级操练,知识点讲解条理清晰,操作步骤介绍详细、简单易懂。

本书适合作为高等职业院校 CAD 工程制图课程的教材,同时也可作为从事 AutoCAD 辅助设计人员的自学参考书。

图书在版编目(CIP)数据

CAD 工程制图 / 李艳春, 梁腾, 陈颖主编. -- 北京 : 中国铁道出版社有限公司, 2025. 2. -- (“十四五”高等职业教育系列教材). -- ISBN 978-7-113-31756-0

Ⅰ. TB237

中国国家版本馆 CIP 数据核字第 2025C9E192 号

书　　名:CAD 工程制图
作　　者:李艳春　梁　腾　陈　颖

策　　划:徐海英　　　　**编辑部电话:**(010)63560043
责任编辑:何红艳　包　宁
编辑助理:郭馨宇
封面设计:崔丽芳
责任校对:安海燕
责任印制:赵星辰

出版发行:中国铁道出版社有限公司(100054,北京市西城区右安门西街 8 号)
网　　址:https://www.tdpress.com/51eds
印　　刷:河北宝昌佳彩印刷有限公司
版　　次:2025 年 2 月第 1 版　2025 年 2 月第 1 次印刷
开　　本:787 mm×1 092 mm　1/16　**印张:**9.75　**字数:**238 千
书　　号:ISBN 978-7-113-31756-0
定　　价:35.00 元

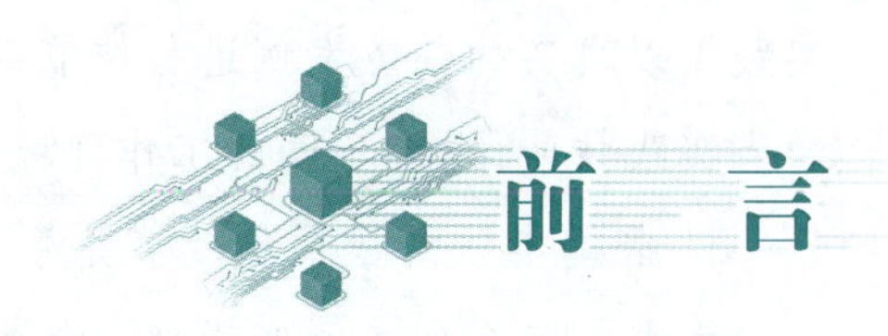

前言

AutoCAD作为工程设计领域的一个基础性应用软件,可用于二维绘图、详细绘制、设计文档和基本三维设计,具有完善的图形绘制功能和强大的图形编辑功能,可以实现多种图形格式的转换,有较强的数据交换能力,具有通用性、易用性,已成为国际上广为流行的绘图工具,适用于各类用户,广泛应用于土木、建筑、装饰装潢、城市规划、园林设计、电子电路、机械设计、航空航天、轻工化工等领域。熟练掌握CAD技术已成为工程设计人员必备的基本技能。为此,编者以AutoCAD的应用能力为重点,编写了本书。

本书内容分为基础篇和实践篇。其中基础篇有CAD制图初探、基础二维图形全掌握、进阶二维图形全掌握、编辑工具巧掌握四个项目,每个项目都有三个任务,以开放式的设计让学生有更大的自由度和空间尝试新的想法和方法,培养学生的创新能力和创造力。学生可通过"任务分析"了解"任务目标",明白学什么、怎么学,做到胸有成竹;接下来学习"绘图准备"中的每一个知识点;最后根据"实操贴士"完成绘制。实践篇有公路工程制图实战、通信工程制图实战、电子电路制图实战三个项目,每个项目有不同的实践任务,学生可根据"任务分析"了解"任务目标",掌握"难点点拨";最后根据"实操贴士"中"主要操作步骤"的提示完成相关图形的绘制。通过实践可以灵活地掌握和运用知识点、技能点,提高思维创新、技能创新能力。

本书主要特色如下:

1. 就业导向,校企合作

本书由云南交通职业技术学院与联想教育科技(北京)有限公司合作编写。以培养质量高、适应市场需求的高素质技术技能人才为目标,既着眼于育人,又立足于企业行业,以满足就业需要和企业岗位需求为导向,注重知识技能、职业技能的培养,提高就业竞争力,并为后续专业课程的学习提供必要的综合技能训练。

2. 项目引领,改革创新

本书对传统教学内容、教学方法进行了改革和创新,改变原有单一命令的讲解方式,以任务为依托,多命令讲解,反复练习知识点,不断提升技能。采用"项目引领、任务驱动""教学做一体"的思路,讲练结合、工学结合,难度循序渐进,任务设计从简单到复杂。基础篇每个任务均有两种实操方法,实现知识点传授向"知识+思维方式+想象力"并重的"以学为中心"应用模式的转变,通过绘图命令的循环训练,学生在学中做、做中学。

实践篇以真实的任务案例进行技能训练，以更好地帮助学生理解和掌握CAD技术，提高学生实践技能，适应不同的工作环境。

3. 配套丰富的数字化教学资源

本书在每个任务的实操部分都配置了微课，以二维码形式实现便捷调取。学生可以根据自己的时间和节奏进行自主学习，以更好地理解和掌握知识点，更能激发学习的主动性和积极性。

本书由云南交通职业技术学院李艳春、梁腾、陈颖任主编；云南交通职业技术学院王宏刚、段顺霞，联想教育科技有限公司杜金晶、郗美艳任副主编；云南交通职业技术学院张杰主审。具体编写分工为：项目一、项目三由李艳春编写，项目二和项目五由陈颖编写，项目四由王宏刚编写，项目六和项目七由梁腾编写，全书由段顺霞制作教学课件，联想教育科技有限公司杜金晶、郗美艳提供大力支持。在此，对本书编写工作中付出辛勤劳动的所有人员，致以诚挚的谢意！

由于编者水平有限，书中难免会出现疏漏与不足之处，恳请广大读者批评指正。

编　者

2024年10月

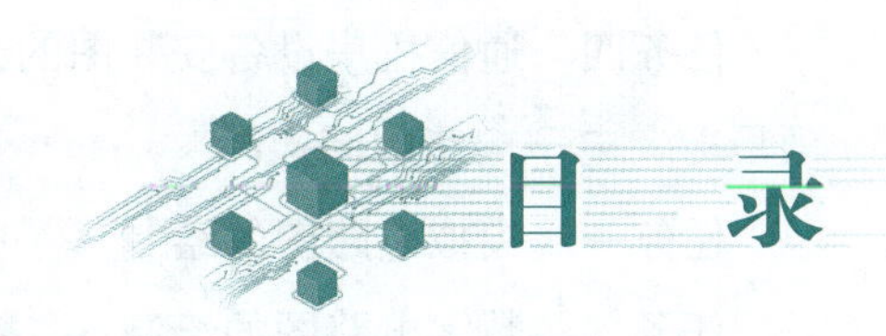

目 录

基 础 篇

实 践 篇

基础篇

党的二十大报告提出："加快建设国家战略人才力量，努力培养造就更多大师、战略科学家、一流科技领军人才和创新团队、青年科技人才、卓越工程师、大国工匠、高技能人才。"

让我们从学习CAD绘图开始，积累知识和技能，提升职业素养，一步一个脚印努力实现自己的人生价值。

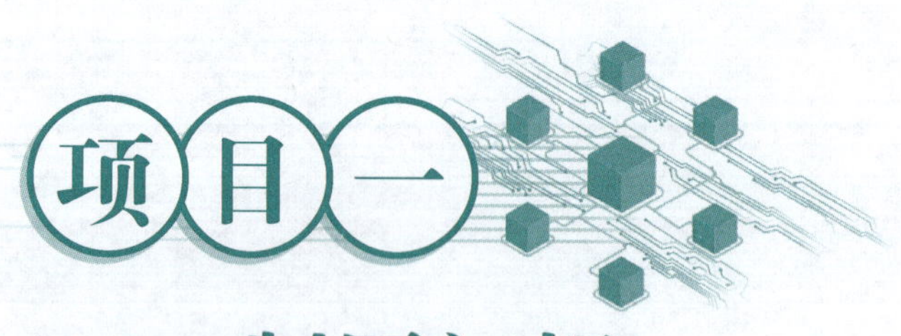

CAD制图初探

学习笔记

项目说

近十年来我国的制造业持续保持世界第一的地位，现正处于从传统制造向智能制造转型的阶段。党的二十大报告提出：“实施产业基础再造工程和重大技术装备攻关工程，支持专精特新企业发展，推动制造业高端化、智能化、绿色化发展。”制造业高精尖设备都离不开精准的设计图，CAD 制图作为重要的基础课程，对于相关专业人才的培养具有重要作用。

新时代大学生作为未来的工程设计人员，不仅要努力学习专业知识，还要紧跟时代步伐，努力提高自身的创新能力，正如二十大报告指出的那样：“我们从事的是前无古人的伟大事业，守正才能不迷失方向、不犯颠覆性错误，创新才能把握时代、引领时代。”

任务一　识图、零基础绘图

根据图 1-1 所示图形尺寸，使用直线命令完成本任务的绘制。通过完成该任务，使学生熟练掌握相对直角坐标和相对极坐标的输入，能够对 CAD 制图有初步的了解，迈出 CAD 制图的第一步。

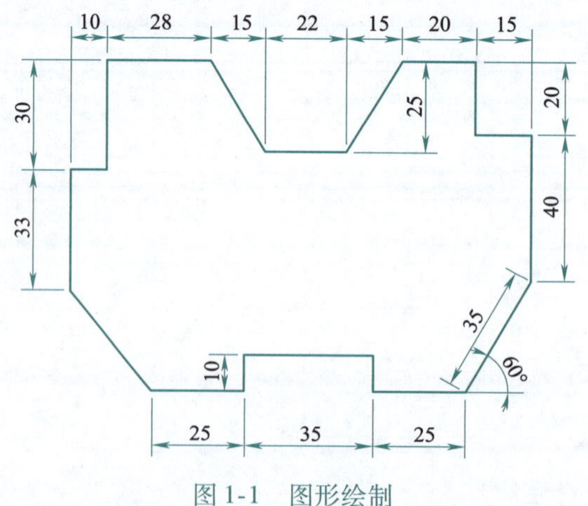

图 1-1　图形绘制

学习笔记

任务分析

本任务图形中左下角的尺寸没有完整标注，可以从左下角开始绘图，减少尺寸计算，同时也可避免角度计算的误差。

右下角有一条长 35 mm、与 x 轴夹角为 60°的斜线，该线可采用相对极坐标方式绘制。由于该线与 x 轴正方向夹角为 60°，且为逆时针旋转得到，因此极坐标输入时角度值为正。除该直线外其余直线均可采用相对直角坐标方式绘制。输入直角坐标，即将绘制的点向右端变化时，x 值为正；向左端变化时，x 值为负；向上端变化时，y 值为正；向下端变化时，y 值为负。

任务目标

1. 知识目标

(1)掌握鼠标热键的使用；

(2)了解 AutoCAD 的工作界面；

(3)掌握 AutoCAD 命令的调用方法；

(4)掌握 AutoCAD 文件的操作方法；

(5)理解绝对坐标和相对坐标的概念，掌握直角坐标和极坐标的输入方法；

(6)掌握直线的绘制方法；

(7)掌握选择、删除对象的方法。

2. 能力目标

(1)能够使用鼠标选择命令、对象、调用捕捉菜单、放大图形、缩小图形、平移视图；

(2)能够进行 AutoCAD 文件操作，能够打开、新建、保存文件；

(3)能够设置 AutoCAD 绘图环境，初步掌握 CAD 绘图知识；

(4)能够进行直线的绘制，具备简单的二维图形识图和分析能力。

3. 素质目标

(1)具备接受新事物的能力，愿意尝试和了解新事物，对新信息保持好奇心和探索欲，愿意接受新观点和新知识；

(2)具备终身学习的能力，认识学习是一个终身过程，不断努力学习，不断追求个人和职业的发展；

(3)培养创造性思维，从不同角度看待问题，寻找多种解决方案。

绘图准备

一、鼠标热键介绍

(1)单击：选择执行命令、选择对象。

(2)双击：在对象上双击，将弹出对象快捷特性。

(3)右击：弹出快捷菜单。

(4)选择对象时：按住左键后松开是矩形选择；按住左键不放是套索选择。

(5)按住【Ctrl】或【Shift】键并右击：打开捕捉菜单。

(6)选择对象后：按住右键不放并移动，可选择移动(或复制)到此处并粘贴为块。

学习笔记

(7)滚轮向前滚动:放大图形。

(8)滚轮向后滚动:缩小图形。

(9)按住滚轮不放:平移当前视图。

(10)双击滚轮:在绘图区最大化显示图形。

二、认识 AutoCAD 界面

AutoCAD 自 1982 年发布以来,至今已经过了多个版本的升级和重新设计,其核心功能基本上保持不变,无论什么版本,其软件界面相似。默认的工作模式为二维草图与注释,二维草图与注释界面的主要组成元素如图 1-2 所示。

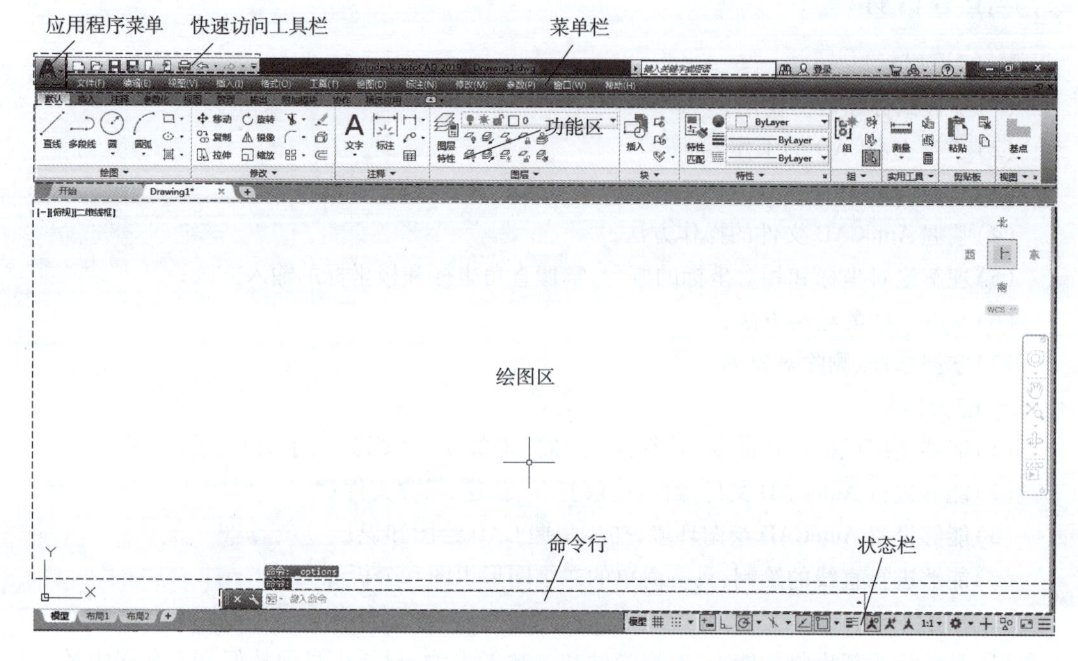

图 1-2　二维草图与注释界面

1. 应用程序菜单

用于访问应用程序菜单中的常用工具以启动或发布文件。程序窗口左上角的红色字母 A 即为“应用程序”按钮。双击“应用程序”按钮可以关闭应用程序。

2. 快速访问工具栏

在此放置最基础且使用频率较高的功能,方便快速调用,可根据需要自定义快速访问工具栏。

3. 功能区

由多个功能选项卡组成,放置各种工具图标,用于调用对应功能。顶部是功能区的标签,单击标签可以切换到不同的功能区面板。在功能区上右击,在弹出的快捷菜单中选择“显示选项卡”→“显示面板”中的命令,可以控制显示哪些功能区选项卡和面板。

4. 绘图区

创建、显示和编辑图形的区域。

学习笔记

5. 命令行

通常固定在应用程序窗口的底部,用于显示提示、选项和消息。

6. 状态栏

用于显示光标位置、某些常用的绘图辅助工具和功能性按钮。

7. 菜单栏

位于标题栏下方,共有 12 个菜单,包括“文件”“编辑”“视图”等,每个菜单中又包含若干子菜单。

初次启动 AutoCAD 时,菜单栏不会显示出来,需要单击快速访问工具栏右侧的下拉按钮,然后单击下拉菜单中的“显示菜单栏”按钮,菜单栏才会显示在操作界面中。

三、AutoCAD 命令的调用方法

AutoCAD 命令的调用方法如下:

1. 使用功能区调用

在功能区中找到相应的选项卡,然后单击选项卡中的按钮,即可执行相应的命令。

2. 使用菜单栏调用

CAD 命令按类别放置在相应的菜单中,调用时,只需单击相应的菜单,找到所需命令并单击即可执行。

3. 使用快捷菜单调用

在界面中右击,在弹出的快捷菜单中选择相应命令即可。

4. 使用命令行调用

在命令行中输入完整命令或快捷命令,即可调用相应的命令。

四、AutoCAD 文件操作

AutoCAD 常用的文件类型有 dwg、dxf、dwt 三种。

dwg 文件是 AutoCAD 保存设计数据所用的一种专有文件格式,是最常用的文件类型。

dxf 文件是一种标准的文本文件,常用于 CAD 设计的交换交流。

dwt 文件是 AutoCAD 的样板文件,用户可以将自己常用的 CAD 工作环境保存为 dwt 文件,方便日后使用。

1. 保存文件

AutoCAD 中保存文件的方法如下:

(1)单击快速访问工具栏中的“保存”按钮,如图 1-3 所示。

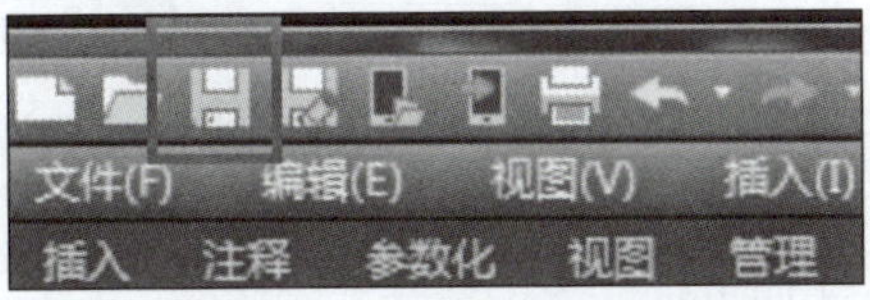

图 1-3 工具栏调用保存命令

(2)在菜单栏中选择“文件”→“保存”命令,如图 1-4 所示。

学习笔记

（3）单击应用程序菜单，选择“保存”命令，如图1-5所示。

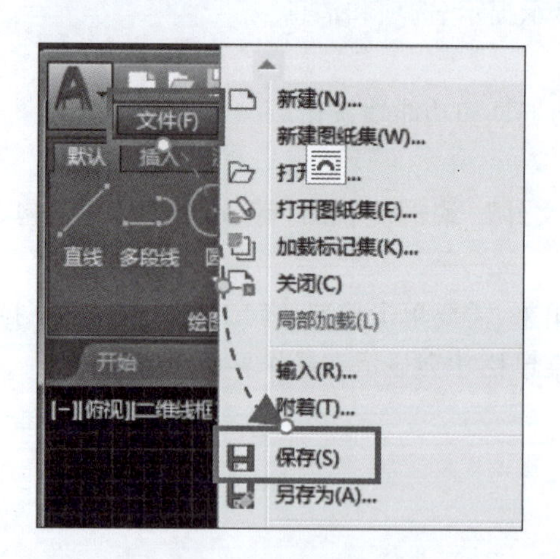

图1-4　菜单调用保存命令

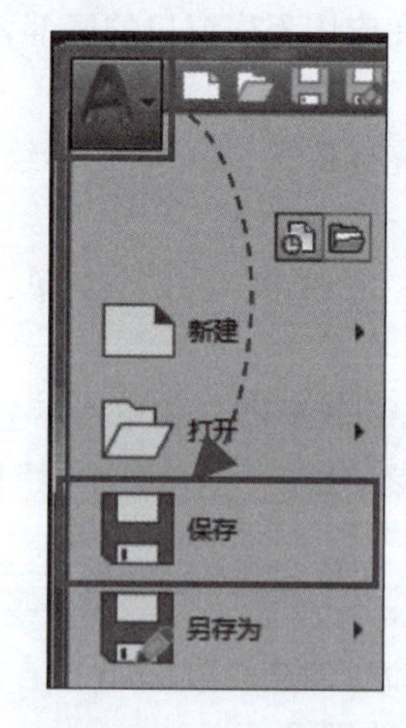

图1-5　应用程序菜单调用保存命令

（4）使用快捷键【Ctrl + S】保存文件。

2. 打开文件

AutoCAD打开文件的方法如下：

（1）单击快速访问工具栏中的“打开”按钮，如图1-6所示。

（2）在菜单栏中选择“文件”→“打开”命令，如图1-7所示。

（3）单击应用程序菜单，选择“打开”命令，如图1-8所示。

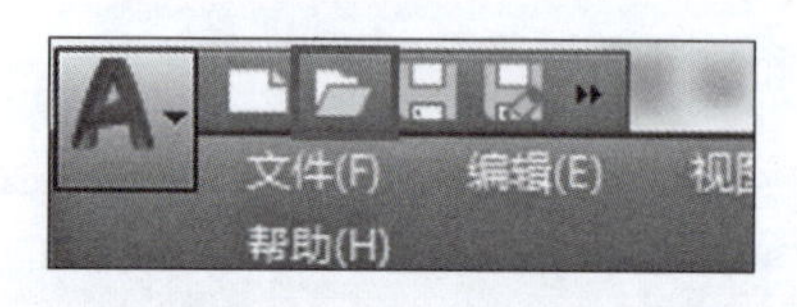

图1-6　工具栏调用打开命令

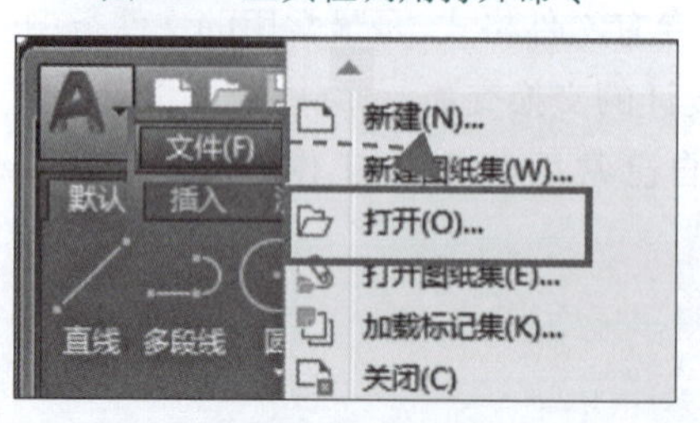

图1-7　菜单调用打开命令

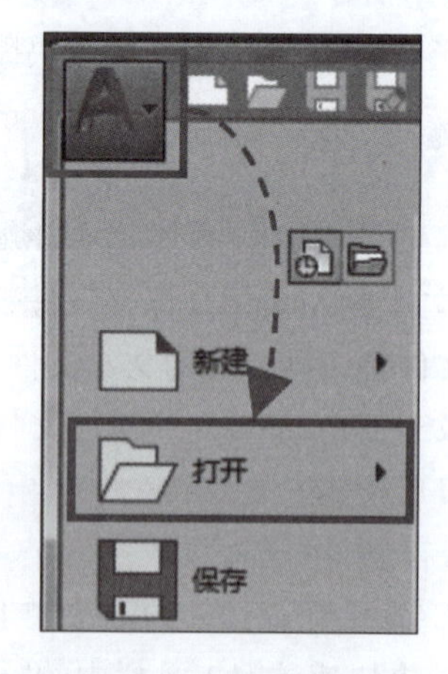

图1-8　应用程序菜单调用打开命令

（4）使用快捷键【Ctrl + O】打开文件。

3. 新建文件

AutoCAD新建文件的方法如下：

（1）单击快速访问工具栏中的“新建”按钮，如图1-9所示。

（2）在菜单栏中选择“文件”→“新建”命令，如图1-10所示。

（3）单击应用程序菜单，选择“新建”命令，如图1-11所示。

学习笔记

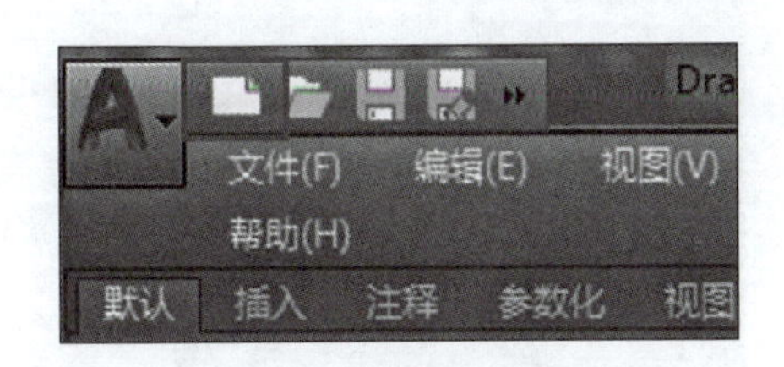

图 1-9　工具栏调用新建命令

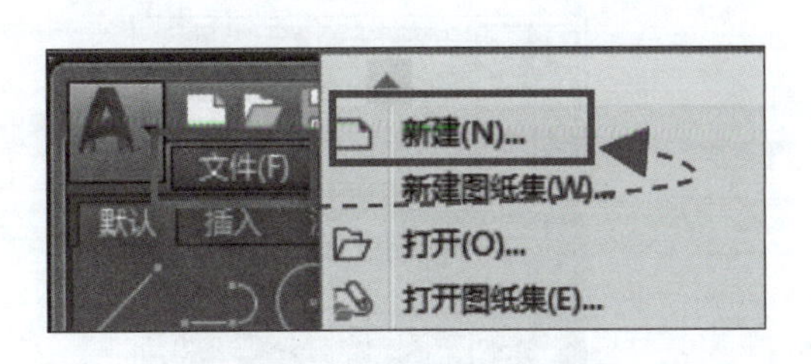

图 1-10　菜单调用新建命令

(4)使用快捷键【Ctrl + N】新建文件。

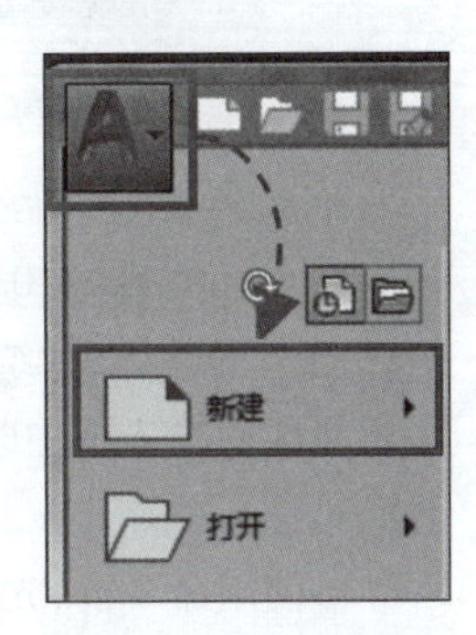

图 1-11　应用程序菜单调用新建命令

五、坐标

在 AutoCAD 绘图中,坐标分为绝对坐标与相对坐标。绝对坐标以坐标系的原点作为参照点,相对坐标以前一点作为参照点。通常情况下,相对于前一个点的坐标比较容易确定,因此,在 AutoCAD 绘图中大多数使用相对坐标。

AutoCAD 中不管是相对坐标输入,还是绝对坐标输入,都有两种表示方法,即直角坐标和极轴坐标,输入特点如下:

(1)绝对直角坐标。以坐标原点(0,0)作为参考点,用户输入某点相对于原点的坐标值,表达式为(x,y)。

(2)绝对极轴坐标。以坐标原点(0,0)作为参考点,用户输入某点相对于原点的极长及其在 xy 平面中的角度,表达式为(长度 < 度数)。

(3)相对直角坐标。相对前一点的坐标增量,表达式为(@ x,y)。注意:x 向右端变化时,其值为正;x 向左端变化时,其值为负;y 向上端变化时,其值为正;y 向下端变化时,其值为负。

(4)相对极轴坐标。相对前一点的距离和偏移角度,表达式为(@ 极长 < 角度)。注意:极长是指输入点与前一点之间的距离;角度是指输入点和前一点连线与 x 轴正向之间的夹角,逆时针为正,顺时针为负。

如果开启状态栏上的“动态输入”功能,系统会自动以相对坐标表示,即在坐标值前面自动添加“@”符号。

六、直线命令

直线命令用于绘制直线,可以通过直接输入直线坐标、极轴坐标或使用对象捕捉功能确定直线的长度。

1. 命令的启动

启动直线命令有以下方法:

(1)在“默认”选项卡的“绘图”面板中单击“直线”按钮,如图 1-12 所示。

(2)在菜单栏中选择“绘图”→“直线”命令,如图 1-13 所示。

(3)在命令行输入 L 并按【Enter】键(L 大小写均可)。

学习笔记

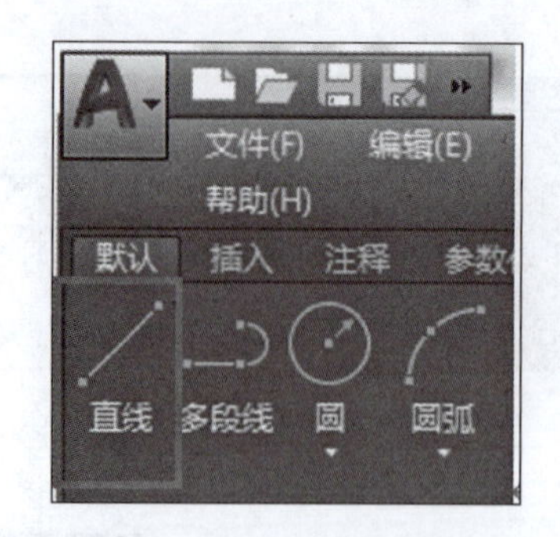

图 1-12　选项卡调用直线命令

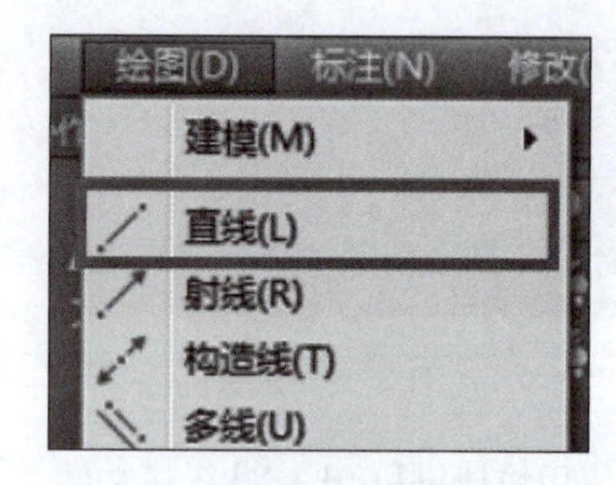

图 1-13　菜单调用直线命令

2. 命令的使用

在 AutoCAD 2010 以上版本中，系统默认开启动态输入模式，故使用相对坐标时可以省略"@"符号的输入，系统会自动添加。但在输入坐标的过程中，还需注意观察，如果坐标值显示在功能区的输入框中时，表示使用的是相对坐标；如果坐标值显示在命令行中时，表示使用的是绝对坐标。

在使用命令前，先打开状态栏中的极轴追踪模式。此时使用的坐标，除特别说明外，均默认为相对坐标。

直线命令启动后，命令行提示如下：

```
指定第一个点:            //在绘图区任意拾取一点
指定下一点或[放弃(U)]:
```

(1)输入 U 表示撤销上一步的操作，但不会退出此次命令，用户还可以继续下一点的绘制。

(2)输入"20,30"：表示 x 向右移动 20，y 向上移动 30 绘制一条直线。

(3)输入"20, -30"：表示 x 向右移动 20，y 向下移动 30 绘制一条直线。

(4)输入" -20, -30"：表示 x 向左移动 20，y 向下移动 30 绘制一条直线。

(5)输入" -30,20"：表示 x 向左移动 30，y 向上移动 20 绘制一条直线。

(6)向右(或向左)引出水平追踪线，然后输入 30，表示向右(或向左)绘制一条长 30 的水平直线。

(7)向上(或向下)引出水平追踪线，然后输入 30，表示向上(或向下)绘制一条长 30 的垂直直线。

```
指定下一点或[闭合(C) /放弃(U)]:      //输入 C 表示连接到本次命令的起点,形成封闭图形
```

七、删除命令

删除命令可以删除一个对象或一次性删除多个对象，使用删除命令时，先选定需要删除的对象，然后右击即可完成删除。

1. 常用的选择对象方式

AutoCAD 中的许多命令都需要选择对象，选择对象的方法有多种，操作时可以根据需求和操作习惯选择合适的方法。常用的选择对象方法如下：

(1)点选。直接用鼠标指针(显示为一个小方块)单击对象，选中对象虚化。

学习笔记

(2)窗选。用鼠标从左向右上或右下方以单击的方法拾取两点，形成一个矩形框，此时全部包含在该窗口中的对象才被选中。

(3)交叉窗口。用鼠标从右向左上或左下方以单击的方法拾取两点，形成一个矩形框，此时与该窗口相交的对象均被选中。

(4)全选。在命令行中输入 ALL，绘制的全部图形均被选中。

2. 命令的启动

启动删除命令有以下方法：

(1)在“默认”选项卡的“修改”面板中单击“删除”按钮，如图 1-14 所示。

(2)在菜单栏中选择“修改”→“删除”命令，如图 1-15 所示。

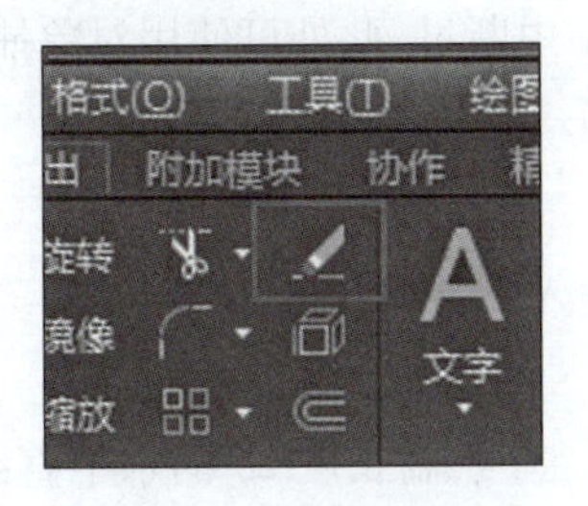

图 1-14　选项卡调用删除命令

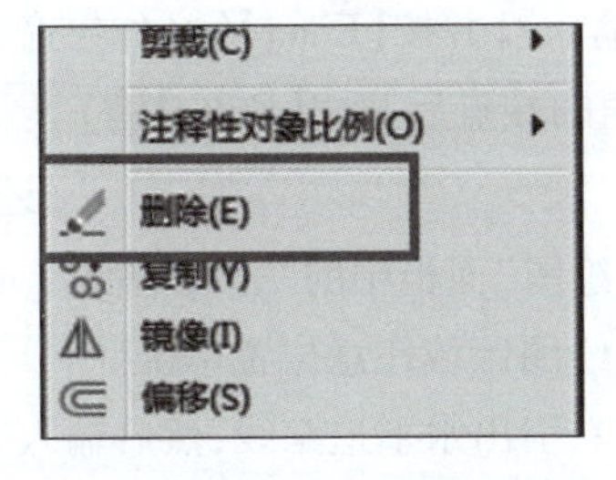

图 1-15　菜单调用删除命令

(3)在命令行中输入 E 并按【Enter】键。

3. 命令的使用

选择删除命令后，命令行将提示选择对象，在绘图区中选择需要删除的对象，选择完成后右击即可删除对象。

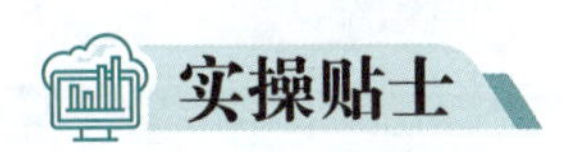

可以这样绘

注意：绘图前先打开状态栏中的“极轴追踪”模式。选择“绘图”面板中的“直线”命令(或在命令行中输入 L 并按【Enter】键)，开启状态栏上的“动态输入”功能，系统会自动以相对坐标表示，即在坐标值前面自动添加“@”符号。该图形均采用相对坐标绘制，输入直角坐标时，坐标间用逗号隔开，逗号必须为半角标点符号。

(1)在绘图区域任意位置单击。

(2)输入“25,0”并按【Enter】键(绘制长度 25 的水平直线，x 向右端变化，值为正)。

(3)输入“0,10”并按【Enter】键(绘制长度为 10 的垂直线，y 向上端变化，值为正)。

(4)输入“35,0”并按【Enter】键。

(5)输入“0，-10”并按【Enter】键(y 向下端变化，值为负)。

(6)输入“25,0”并按【Enter】键。

(7)输入“35<60”并按【Enter】键(该点采用极坐标输入，表达式为“@极长<角度”，因开启了“动态输入”，故“@”符号无须输入。输入值 35 为斜线长，60 为与 x 轴正方向的夹角，该角度由逆时针旋转得到，故值为正。在极坐标中输入角度时，“°”符号无须输入)。

(8)输入“0,40”并按【Enter】键。

(9)输入“-15,0”并按【Enter】键(x 向左端变化，值为负)。

学习笔记

(10)输入“0,20”并按【Enter】键。

(11)输入“-20,0”并按【Enter】键。

(12)输入“-15,-25”并按【Enter】键(输入斜线)。

(13)输入“-22,0”并按【Enter】键。

(14)输入“-15,25”并按【Enter】键。

(15)输入“-28,0”并按【Enter】键。

(16)输入“0,-30”并按【Enter】键。

(17)输入“-10,0”并按【Enter】键。

(18)输入“0,-33”并按【Enter】键。

(19)输入C并按【Enter】键(如果命令在此前绘制中中断过,此处可使用对象捕捉功能捕捉到左下角的端点后并按【Enter】键)。

视频

项目一任务一
还可以这样绘

还可以这样绘

选择“绘图”面板中的“直线”命令(或在命令行中输入L并按【Enter】键)。

(1)在绘图区域任意位置单击。

(2)向右引出水平追踪线,然后输入25并按【Enter】键(绘制长度25的水平直线,使用引出追踪线方式绘制直线时,通常情况下输入正值,如果输入负值,则绘制相反方向的直线)。

(3)向上引出垂直追踪线,然后输入10并按【Enter】键(绘制长度为10的垂直直线)。

(4)向右引出水平追踪线,然后输入35并按【Enter】键。

(5)向下引出垂直追踪线,然后输入10并按【Enter】键。

(6)向右引出水平追踪线,然后输入25并按【Enter】键。

(7)输入“35<60”并按【Enter】键(极坐标输入)。

(8)向上引出垂直追踪线,然后输入40并按【Enter】键。

(9)向左引出水平追踪线,然后输入15并按【Enter】键。

(10)向上引出垂直追踪线,然后输入20并按【Enter】键。

(11)向右引出水平追踪线,然后输入20并按【Enter】键。

(12)输入“-15,-25”并按【Enter】键(绘制斜线)。

(13)向左引出水平追踪线,然后输入22并按【Enter】键。

(14)输入“-15,25”并按【Enter】键。

(15)向左引出水平追踪线,然后输入28并按【Enter】键。

(16)向下引出垂直追踪线,然后输入30并按【Enter】键。

(17)向左引出水平追踪线,然后输入10并按【Enter】键。

(18)向下引出垂直追踪线,然后输入33并按【Enter】键。

(19)输入C并按【Enter】键(如果命令在此前绘制中中断过,此处可使用对象捕捉功能捕捉到左下角的端点后并按【Enter】键)。

你还可以怎么绘?

学习笔记

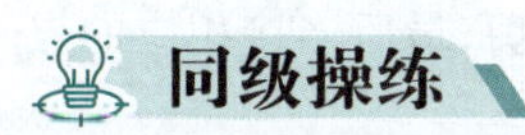

同级操练

利用本任务所学的知识，使用直线命令完成题图 1-1、题图 1-2 所示图形的绘制。

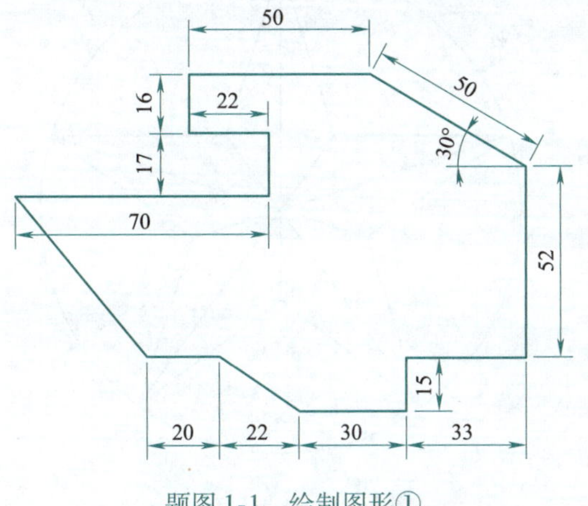

题图 1-1　绘制图形①

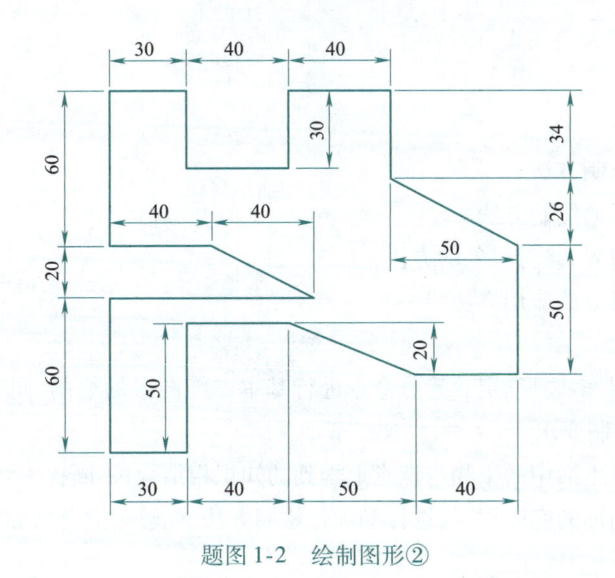

题图 1-2　绘制图形②

任务二　图样修改

使用 AutoCAD 制图时，只使用一个命令是无法完成图形绘制的，需要多个命令配合，才能快速完成绘制。本任务完成五角星绘制，如图 1-16 所示，通过圆、多边形、直线、定数等分、修剪等命令的使用，可以快速完成绘制。

任务分析

本任务中的五角星内接于圆，可以先绘制圆，再绘制五边形，最后使用直线命令连接五边形的五个端点绘制出五角星；也可以使用定数等分命令将圆五等分，再使用直线命令连接五

学习笔记

边形的五个端点绘制出五角星。完成五角星绘制后，对五角星进行修剪，最后连接相应的点即可完成绘制。

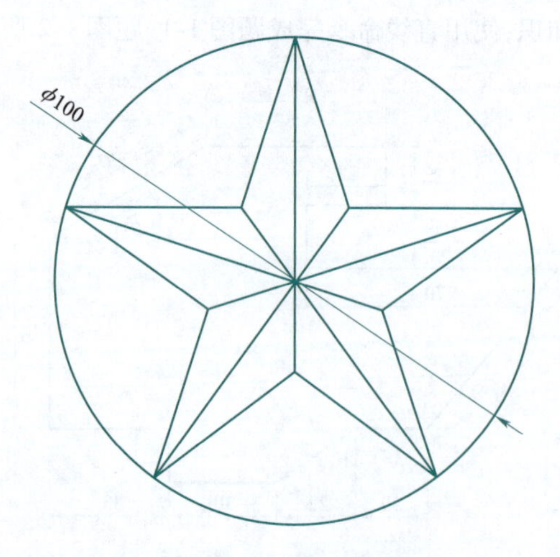

图 1-16　五角星绘制

任务目标

1. 知识目标

(1)掌握圆的绘制方法；

(2)掌握多边形的绘制方法；

(3)掌握修剪边界、修剪对象的方法；

(4)掌握定数等分的应用方法。

2. 能力目标

(1)能够使用圆、多边形、定数等分命令进行基本二维图形的绘制，同时也能够对图形对象进行修剪，达到绘制要求；

(2)能够将实际生活中的事物与课堂上学到的知识相结合，不断探索新的知识和技能；

(3)能够根据图形的实际情况，选择和优化绘制方法，能够独立分析和解决问题。

3. 素质目标

(1)具备严谨的学习态度，注意细节，力求精确，追求卓越；

(2)具备一丝不苟的工作作风，养成良好的工作习惯；

(3)培养对国家的认同感和归属感。

绘图准备

绘制本图形需要使用的命令：直线、圆、正多边形、定数等分、修剪。

前述任务中已学过的命令：直线。

本任务需学习的命令：圆、正多边形、定数等分、修剪。

一、圆命令

在 AutoCAD 中圆的绘制有圆心半径、圆心直径、二点、三点、切点-切点-半径、切点-切点-

学习笔记

切点六种方式，可以根据绘图需求灵活选择。

1. 命令的启动

启动圆命令有以下方法：

(1)在“默认”选项卡的“绘图”面板中单击“圆”按钮，如图 1-17 所示。

(2)在菜单栏中选择“绘图”→“圆”命令，在展开的子菜单中选择相应的命令，如图 1-18 所示。

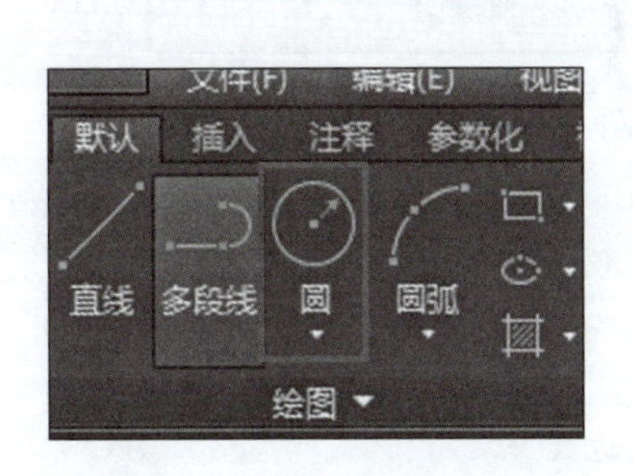

图 1-17　选项卡调用圆命令

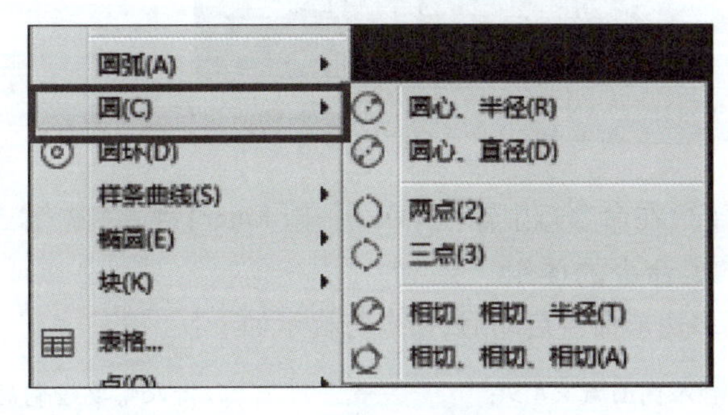

图 1-18　菜单调用圆命令

(3)在命令行中输入 C 并按【Enter】键。

2. 命令的使用

圆命令启动后，命令行提示如下：

```
指定圆的圆心或[三点(3P)/两点(2P)/切点、切点、半径(T)]:
```

(1)指定圆的圆心：此方式为默认的执行方式，在绘图区域指定圆的圆心后，命令行提示“指定圆的半径或[直径(D)]:”，输入半径或直径后即完成圆的绘制。

(2)三点(3P)：命令行依次提示指定圆上的第一个点、第二个点、第三个点，根据提示分别指定(或输入)圆上的点，即可完成圆的绘制。

(3)两点(2P)：命令行依次提示指定圆直径的第一个端点、第二个端点，根据提示分别指定(或输入)圆直径的两个端点，即可完成圆的绘制。

(4)切点、切点、半径(T)：命令行依次提示指定对象与圆的第一个切点、第二个切点、圆的半径，根据提示在已经存在的图形对象上指定 2 个切点，输入半径后，即可完成圆的绘制。

提示：在绘制功能区“圆”命令中还可以选择“相切、相切、相切”的方式绘制圆。

(5)切点、切点、切点：命令行依次提示指定对象与圆的第一个切点、第二个切点、第三个切点，根据提示在已经存在的图形对象上指定 3 个切点后即可完成圆的绘制。

二、多边形命令

AutoCAD 中的多边形是指二维平面内各边相等、各角也相等的正多边形。绘制时正多边形的中心点指内接圆(或外切圆)的圆心，边指正多边形的边长。

1. 命令的启动

启动多边形命令有以下方法：

(1)在“默认”选项卡的“绘图”面板中单击“矩形”右侧的下拉按钮，然后在下拉列表中选择“多边形”命令，如图 1-19 所示。

学习笔记

（2）在菜单栏中选择“绘图”→“多边形”命令，如图1-20所示。

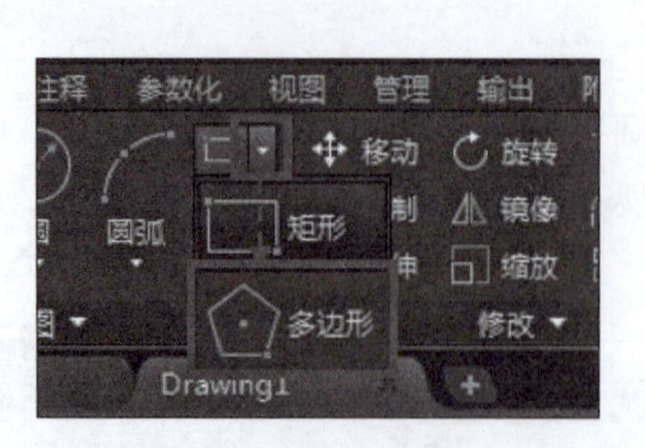

图1-19　选项卡调用多边形命令

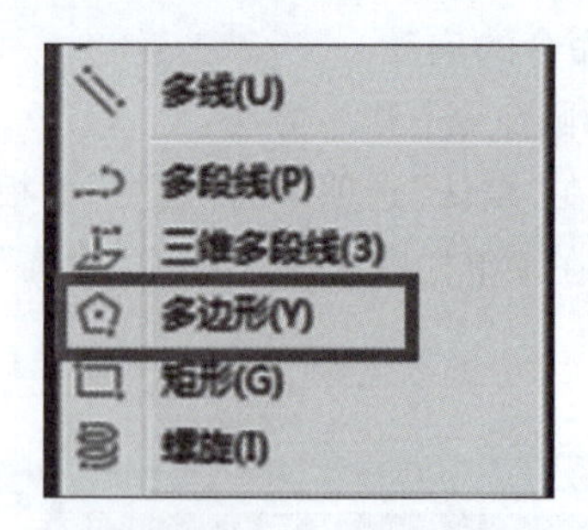

图1-20　菜单调用多边形命令

（3）在命令行中输入POL并按【Enter】键。

2. 命令的使用

多边形命令启动后，命令行提示如下：

```
输入侧面数<4>:                    //输入需要绘制的边数
指定正多边的中心点或[边(E)]:
```

（1）指定正多边形的中心点：输入中心点后，根据提示“输入选项[内接于圆(I)/外切于圆(C)]”选择内接或外接，最后指定圆的半径，即可完成绘制。

（2）边(E)：选择输入边，然后指定边的第一个端点、第二个端点，即可完成绘制。

三、定数等分命令

定数等分指沿对象的长度或周长创建等间隔排列的点或块对象，定数等分的点对象可以使用节点捕捉。

1. 命令的启动

启动定数等分命令有以下方法：

（1）在“默认”选项卡的“绘图”面板中单击“绘图”右侧的下拉按钮，然后在下拉列表中选择“定数等分”命令，如图1-21所示。

（2）在菜单栏中选择“绘图”→“点”→“定数等分”命令，如图1-22所示。

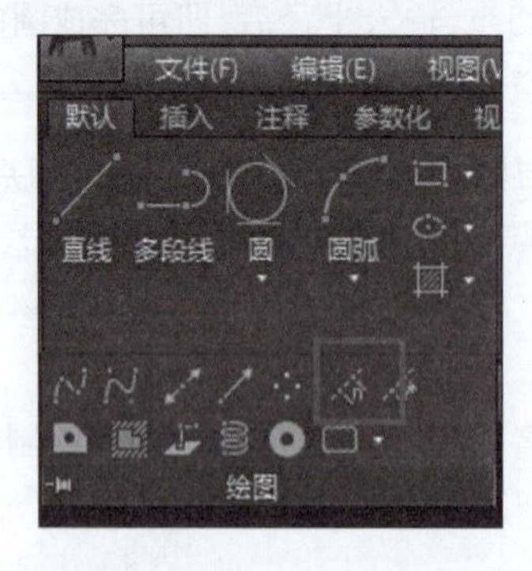

图1-21　选项卡调用定数等分命令

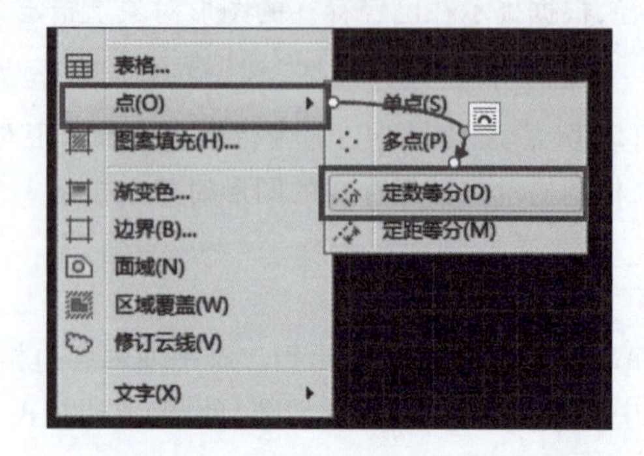

图1-22　菜单调用定数等分命令

(3)在命令行中输入 DIV 并按【Enter】键。

2. 命令的使用

定数等分命令启动后,命令行提示如下:

```
选择要定数等分的对象:      //选定等分对象,选择完成后右击
输入线段数目或[块(B)]:
```

(1)线段数目:输入要等分的线段数目数。

(2)块(B):按照提示输入块名称,再选择是否对齐块和对象,最后输入线段数目数。

四、修剪命令

修剪命令主要用于修剪对象以适应其他对象的边。使用该命令时,可以选择一条或多条剪切边,对象既可以作为剪切边,也可以作为被修剪对象。

1. 命令的启动

启动修剪命令有以下方法:

(1)在"默认"选项卡的"修改"面板中单击"修剪"按钮,如图 1-23 所示。

(2)在菜单栏中选择"修改"→"修剪"命令,如图 1-24 所示。

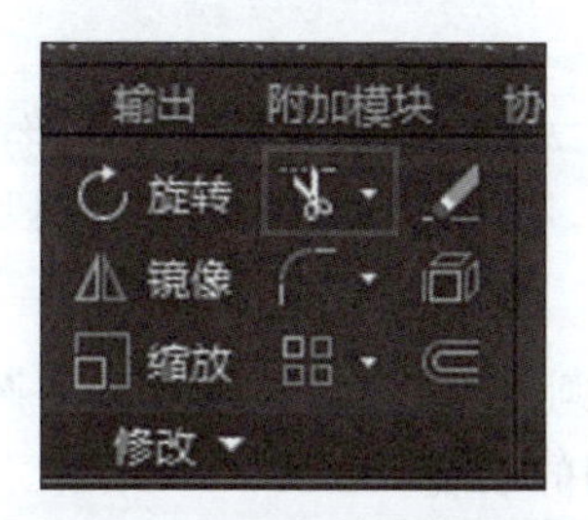

图 1-23　选项卡调用修剪命令

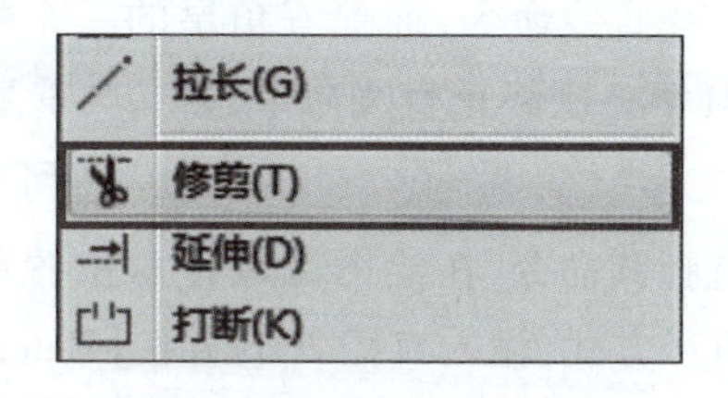

图 1-24　菜单调用修剪命令

(3)在命令行中输入 TR 并按【Enter】键。

2. 命令的使用

修剪命令启动后,命令行提示如下:

```
选择剪切边...
选择对象或<全部选择>:   //选择作为剪切边的对象,对象选择完成后右击
选择要修剪的对象,或按住【Shift】键选择要延伸的对象,或[栏选(F)/窗交(C)/投影(P)/边(E)
删除(R)/放弃(U)]:
```

(1)选择要修剪的对象:指定修剪对象。

(2)按住【Shift】键选择要延伸的对象:延伸选择对象而不是修剪对象,提供了一种在修剪和延伸之间切换的简便方法。

(3)栏选(F):被第一个栏选点和第二个栏选点所连直线穿过的线段都将被修剪,栏选点可以有多个。

(4)窗交(C):修剪矩形区域内部或与之相交的对象。

(5)投影(P):指定修剪对象时使用的投影方式。

(6)边(E):提示"输入隐含边延伸模式[延伸(E)/不延伸(N)]:",默认为"不延伸";在"延伸"的情况下,可以把剪切边无限延长。

(7)删除(R):删除选定的对象,提供了一种用于删除不需要对象的简便方式,无须退出修剪命令。

(8)放弃(U):撤销所做的最近一次修改。

视频

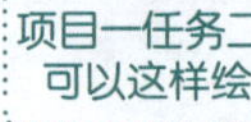

实操贴士

可以这样绘

(1)选择圆命令,在绘图区域任意位置单击以指定圆心,然后根据提示输入圆半径100(或选择直径方式,输入直径200)并按【Enter】键,完成圆的绘制。

(2)选择多边形命令,输入侧面数5并按【Enter】键,捕捉圆心作为正多边形的中心点,然后选择“内接于圆”选项,最后输入圆半径100并按【Enter】键,完成正五边形的绘制。

(3)选择直线命令,任意选择五边形的一个端点,依次连接相邻的第二个端点,直到连接到起始端点(最后连接到起始端点时可以输入C或捕捉起始端点后按【Enter】键),完成五角星的绘制。

(4)选择删除命令,选择对象为五边形后单击,即可完成删除。

(5)选择修剪命令,剪切边选择五角星的所有线条(即五条边互为修剪边界和修剪对象),修剪五角星中间的直线。

(6)选择直线命令,捕捉五角星的一个端点,下一个点捕捉相对应的端点,然后按两次【Enter】键(第一次终止直线命令,第二次重复直线命令),依次完成五角星内部线段的绘制。

视频

项目一任务二
还可以这样绘

还可以这样绘

(1)选择圆命令,在绘图区域任意位置单击以指定圆心,然后根据提示输入圆半径100(或选择直径方式,输入直径200)并按【Enter】键,完成圆的绘制。

(2)单击绘图功能区中“绘图”右侧的下拉按钮,选择定数等分命令,定数等分对象选择圆,然后输入线段数目5并按【Enter】键,即可完成圆五等分。

(3)在状态栏中,单击对象捕捉右侧的下拉按钮,打开节点捕捉功能(如果找不到圆上的节点,可以选择“格式”→“点样式”命令,然后将样式设置为方便选择的样式)。

(4)选择直线命令,任意选择一个节点作为起点,依次连接相邻的第二个节点,直到连接到起始节点(最后连接到起始节点时可以输入C或捕捉起始节点后按【Enter】键),完成五角星的绘制。

(5)选择修剪命令,剪切边选择五角星的所有线条(即五条边互为修剪边界和修剪对象),修剪五角星中间的直线。

(6)选择直线命令,捕捉五角星的一个端点,下一个点捕捉相对应的端点,然后按两次【Enter】键(第一次终止直线命令,第二次重复直线命令),依次完成五角星内部线段的绘制。

你还可以怎么绘?

学习笔记

同级操练

利用本任务所学的绘图命令，完成题图 1-3、题图 1-4、题图 1-5 所示图形的绘制。

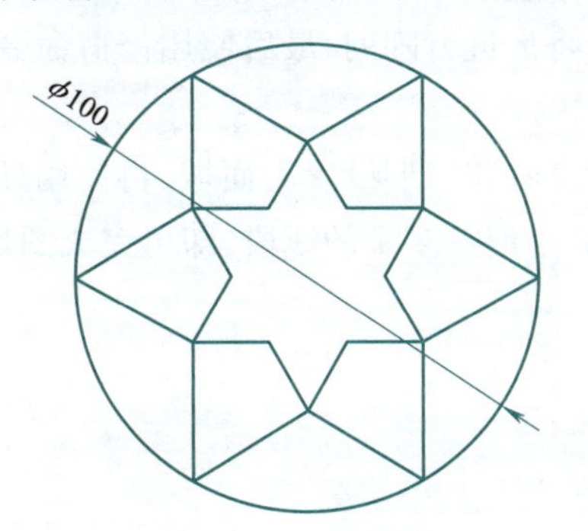

题图 1-3　绘制图形①

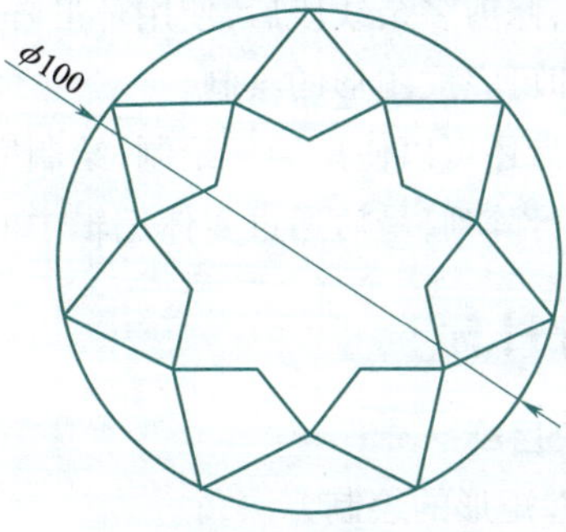

ϕ100

题图 1-4　绘制图形②

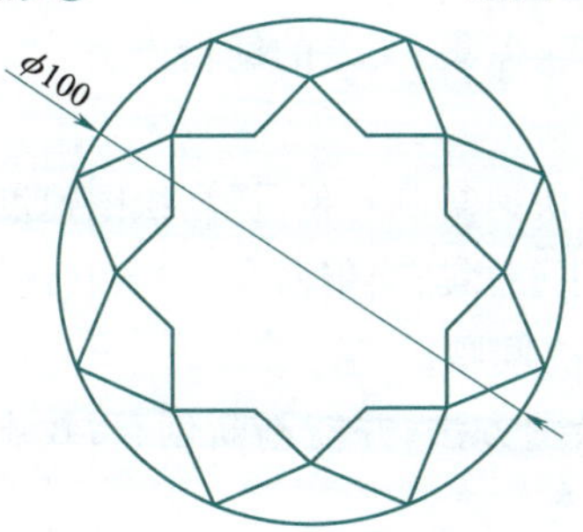

题图 1-5　绘制图形③

任务三　图样绘制初探

复制对象是设计过程中频繁使用的操作，本任务通过绘制图 1-25 所示齿轮，使学生熟练掌握如何使用环形阵列命令省时、快速地完成图形复制，从而进一步提升快速复制图元的能力，提高绘图能力。

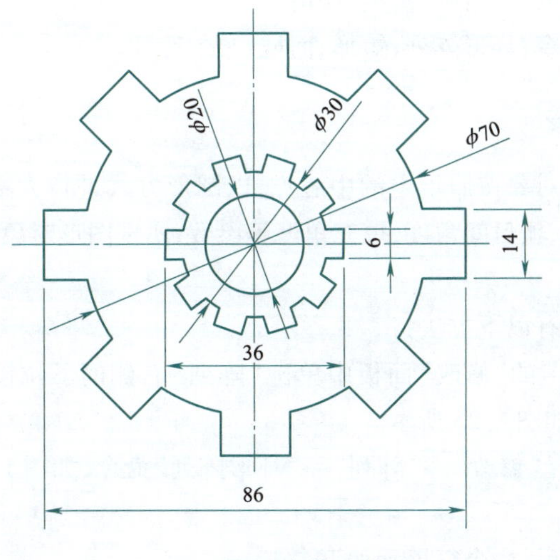

图 1-25　齿轮绘制

学习笔记

任务分析

本任务图形中内、外侧各有一组齿轮，两组齿轮可以采用相同的画法。齿轮的齿可以使用直线绘制，修剪多余线段后，使用环形阵列命令将齿进行阵列，最后使用修剪命令修剪掉多余的线段，即可完成图形的绘制。

齿轮的齿还可以使用矩形绘制，绘制完成后，将圆和矩形设置为面域，再使用环形阵列命令将矩阵进行阵列，最后通过实体编辑中的交集命令消除多余的线段，即可完成图形的绘制。

任务目标

1. 知识目标

(1)掌握矩形的绘制方法；

(2)掌握环形阵列复制对象的方法；

(3)理解布尔运算，掌握并集、差集、交差的编辑方法。

2. 能力目标

(1)能够运用环形阵列方式快速复制对象，提高绘图速度和效率；

(2)能够通过分析修剪、并集、差集、交集命令，找出其优缺点，并总结使用技巧，从而整合不同的知识和技能，创造性地解决问题；

(3)能够逐步掌握科学的绘图方法，并能不断创新，找出最优、最佳的绘法，同时敢于尝试，熟悉掌握绘图命令。

3. 素质目标

(1)具备认真负责的工作态度和严谨细致的工作作风；

(2)具备精益求精、诚实、守信、勇于担当的职业精神；

(3)培养创新思维，持续寻求改进和创新的方法，提出新颖的想法和解决方案。

绘图准备

绘制本图形需要使用的命令：圆、直线、修剪、环形阵列、矩形、面域、布尔运算。

前述任务中已学过的命令：圆、直线、修剪。

本任务需学习的命令：环形阵列；矩形、面域、布尔运算。

一、环形阵列命令

环形阵列指将图形对象按照指定的中心点，以圆形方式进行大量复制，使图形呈环形分布。通过设置项目数量、项目间角度、填充角度等参数，实现图形对象的环形阵列复制。

1. 命令的启动

启动环形阵列命令有以下方法：

(1)在“默认”选项卡的“修改”面板中单击“阵列”右侧的下拉按钮，然后在下拉列表中选择“环形阵列”命令，如图 1-26 所示。

(2)在菜单栏中选择“修改”→“阵列”→“环形阵列”命令，如图 1-27 所示。

2. 命令的使用

环形阵列命令启动后，命令行提示如下：

学习笔记

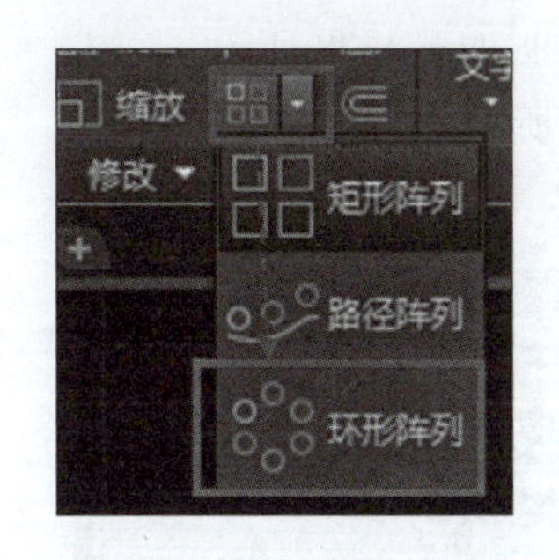

图 1-26　选项卡调用环形阵列命令

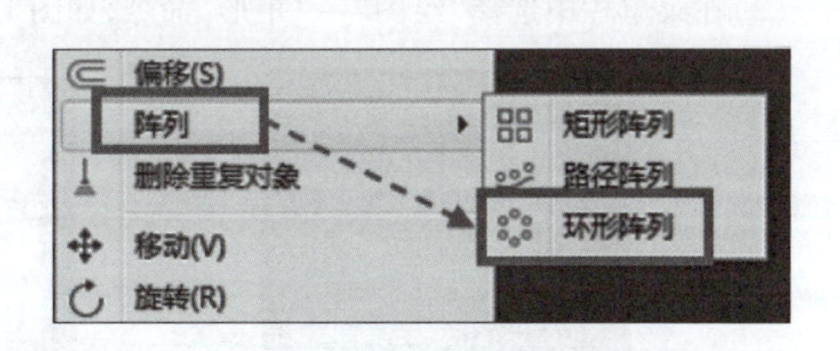

图 1-27　菜单调用环形阵列命令

选择对象：　　　　　　//选择要进行阵列的对象并右击
指定阵列的中心点或[基点(B)/旋转轴(A)]：

(1)中心点：指定阵列中心点，阵列在视口平面内旋转。

(2)基点(B)：指定基点，完成后返回上一级选项，需选择中心点和旋转轴以进行后续操作。

(3)旋转轴(A)：指定旋转轴，阵列在视口平面外旋转。

完成中心点和旋转轴的选定后，命令行提示如下：

选择夹点以编辑阵列或[关联(AS)/基点(B)/项目(I)/项目间角度(A)/填充角度(F)/行(ROW)/层(L)/旋转项目(ROT)/退出(X)]<退出>：

(1)选择夹点以编辑阵列：通过单击不同的夹点，可以完成指定半径、移动中心点位置、调整等操作。

(2)关联(AS)：打开关联，后续可进行编辑和修改。

(3)基点(B)：设置环形阵列的旋转基点，在操作对象不随阵列旋转的情况下，基点不同则得到的结果不同。

(4)项目(I)：设置阵列中的项目数。

(5)项目间角度(A)：每个项目之间的角度。

(6)填充角度(F)：项目填充的角度，角度值为正时逆时针旋转，角度值为负时顺时针旋转。

(7)行(ROW)：设置行数、行间距、行之间的标高增量。

(8)层(L)：在 z 方向上设置层数和层间间距。

(9)旋转项目(ROT)：设置阵列对象是否随着阵列填充而旋转。

(10)退出(X)：退出环形阵列命令。

编辑完成后在功能区打开"阵列创建"面板，通过设置项目、行、层级、特性等选项完成阵列。

二、矩形命令

矩形是 AutoCAD 中的一种基本图形，绘制矩形时可以通过不同的命令和参数设置绘制不同类型的矩形。

1. 命令的启动

启动矩形命令有以下方法：

学习笔记

(1)在“默认”选项卡的“绘图”面板中单击“矩形”按钮,如图1-28所示。

(2)在菜单栏中选择“绘图”→“矩形”命令,如图1-29所示。

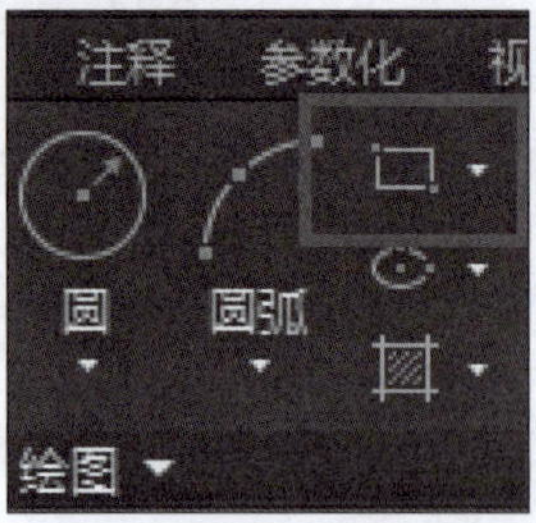

图1-28 选项卡调用矩形命令

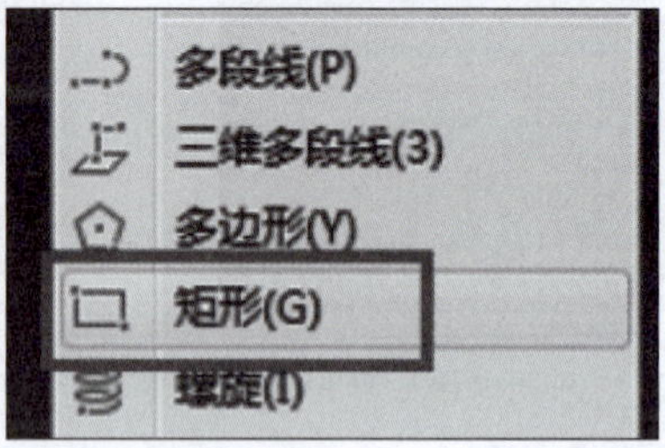

图1-29 菜单调用矩形命令

(3)在命令行中输入REC并按【Enter】键。

2. 命令的使用

矩形命令启动后,命令行提示如下:

指定第一个角点或[倒角(C)/标高(E)/圆角(F)/厚度(T)/宽度(W)]:

(1)第一个角点:指定矩形的第一个角点。

(2)倒角(C):指定倒角距离,绘制倒角矩形。

(3)标高(E):指定矩形标高(z坐标)。

(4)圆角(F):指定圆角半径,绘制带圆角的矩形。

(5)厚度(T):指定矩形的厚度。

(6)宽度(W):指定矩形的线宽。

指定第一个角点后,命令行提示如下:

指定另一个角点或[面积(A)/尺寸(D)/旋转(R)]:

(1)另一个角点:指定矩形的第二个角点。

(2)面积(A):指定面积、长和宽创建矩形。

(3)尺寸(D):使用长和宽创建矩形。

(4)旋转(R):指定所绘制矩形的旋转角度。

三、面域命令

面域是用闭合的形状或环创建的二维区域。闭合的多段线、多条直线和多条曲线都是有效的选择对象。曲线包括圆弧、圆、椭圆弧、椭圆和样条曲线。

1. 命令的启动

启动面域命令有以下方法:

(1)在“默认”选项卡的“绘图”面板中单击“绘图”右侧的下拉按钮,然后在下拉列表中选择“面域”命令,如图1-30所示。

(2)在菜单栏中选择“绘制”→“面域”命令,如图1-31所示。

(3)在命令行中输入REG并按【Enter】键。

2. 命令的使用

面域命令启动后,命令行提示如下:

学习笔记

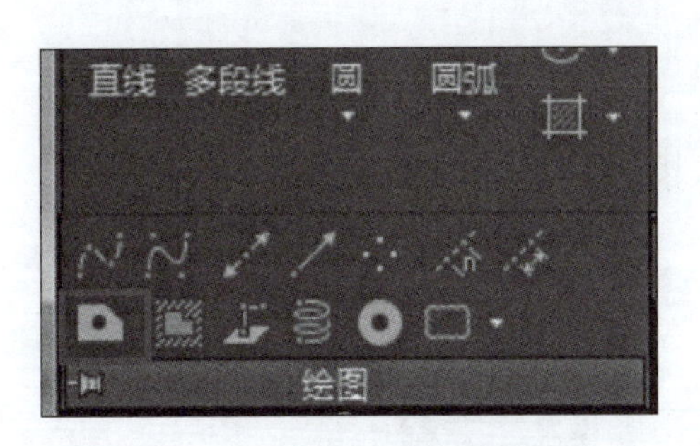

图 1-30　选项卡调用面域命令

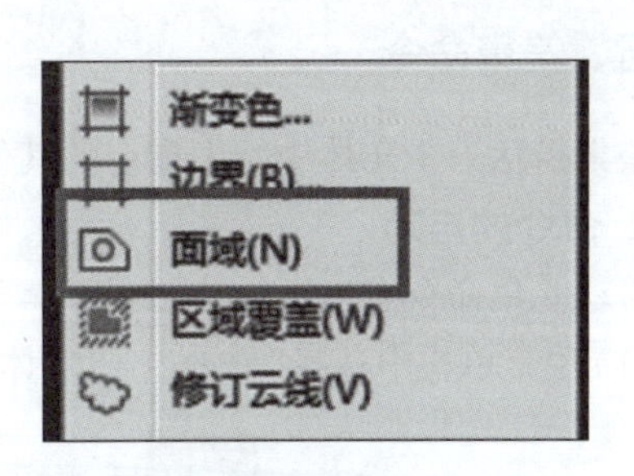

图 1-31　菜单调用面域命令

选择对象：　　//选择对象，对象必须为闭合或通过与其他对象共享端点而形成闭合的区域，选择完成后右击

四、并集命令

并集是指将多个图形或实体合并成一个整体，执行并集操作后，各图形或实体相互重合的部分变成一体，图形相交部分自动合并。

1. 命令的启动

启动并集命令有以下方法：

（1）在菜单栏中选择“修改”→“实体编辑”→“并集”命令，如图 1-32 所示。

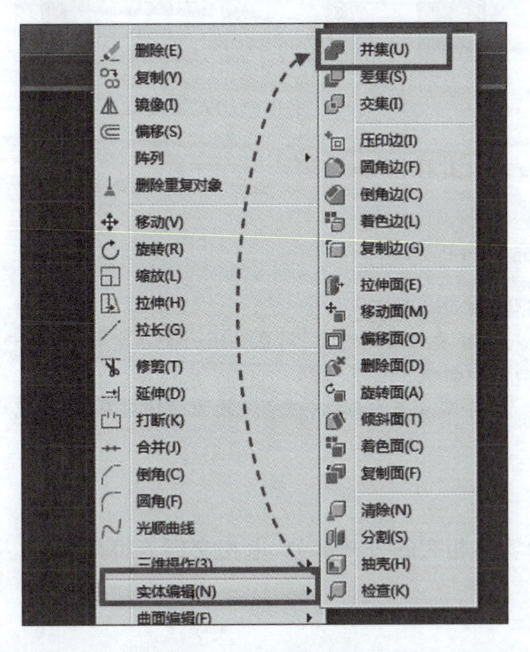

图 1-32　菜单调用并集命令

（2）在命令行中输入 UNI 并按【Enter】键。

2. 命令的使用

并集命令启动后，命令行提示如下：

选择对象：　//选择需要进行并集的对象，对象必须为面域对象，选择完成后右击

学习笔记

五、差集命令

差集指从一个实体中减去指定的其他实体,其中减去的是相交的部分。

1. 命令的启动

启动差集命令有以下方法:

(1)在菜单栏中选择“修改”→“实体编辑”→“差集”命令,如图 1-33 所示。

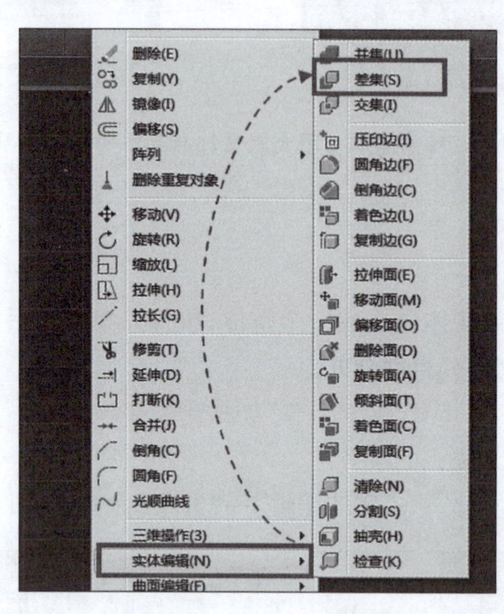

图 1-33 菜单调用差集命令

(2)在命令行中输入 SU 并按【Enter】键。

2. 命令的使用

差集命令启动后,命令行提示如下:

```
选择要从中减去的实体、曲面和面域...
选择对象:          //选择要保留的对象,对象必须为面域对象,选择完成后右击
选择要减去的实体、曲面和面域...
选择对象:         //选择需减去的对象,对象必须为面域对象,选择完成后右击
```

六、交集命令

交集是指保留多个实体相交的公共部分,未相交部分将被减去,从而形成一个新的实体或面域。

1. 命令的启动

启动交集命令有以下方法:

(1)在菜单栏中选择“修改”→“实体编辑”→“交集”命令,如图 1-34 所示。

(2)在命令行中输入 IN 并按【Enter】键。

2. 命令的使用

交集命令启动后,命令行提示如下:

```
选择对象:  //选择需要进行交集的对象,对象必须为面域对象,选择完成后右击
```

学习笔记

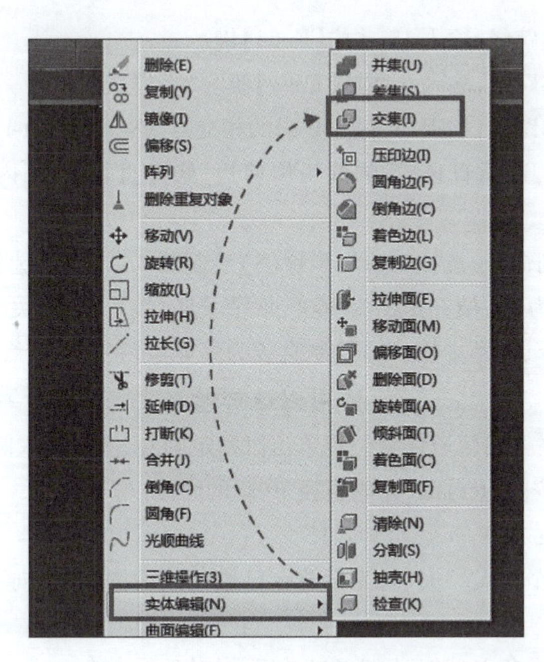

图 1-34　菜单调用交集命令

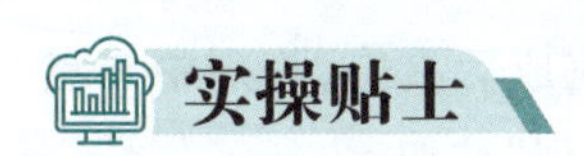

可以这样绘

(1)选择圆命令,在绘图区域任意位置单击以指定圆心,然后输入圆半径 10(或选择直径方式,输入直径 20)并按【Enter】键,完成直径 20 圆的绘制。

(2)选择圆命令,捕捉直径为 20 的圆的圆心,然后输入圆半径 35(或选择直径方式,输入直径 70)并按【Enter】键,完成直径 70 圆的绘制。

(3)选择直线命令:

①提示"指定第一个点:"时,将光标放在已绘制圆的圆心上(注意不是单击),向下引出垂直追踪线,输入 7 并按【Enter】键。

②向右引出水平追踪线,输入 43 并按【Enter】键。

③向上引出垂直追踪线,输入 14 并按【Enter】键。

④向左引出水平追踪线,捕捉与直径 70 圆的相交点,然后按【Enter】键。

(4)选择修剪命令,选择直径 70 的圆为修剪边,修剪圆内多余的直线。

(5)选择环形阵列命令,选择对象为步骤(3)绘制的 3 条直线,选择完成后右击,阵列中心点选择圆心,项目数为 8,填充角度为 360°,取消关联,最后单击"关闭阵列"按钮。

(6)选择修剪命令,选择与圆相交的直线为修剪边,完成圆的修剪。

(7)选择圆命令,捕捉已绘制圆的圆心,然后输入圆半径 15(或选择直径方式,输入直径 30)并按【Enter】键,完成直径 30 圆的绘制。

(8)选择直线命令:

①提示"指定第一个点:"时,将光标放在已绘制圆的圆心上,向下引出垂直追踪线,输入 3 并按【Enter】键。

学习笔记

②向右引出水平追踪线,输入 18 并按【Enter】键。

③向上引出垂直追踪线,输入 6 并按【Enter】键。

④向左引出水平追踪线,捕捉与直径 30 圆的相交点,然后按【Enter】键。

(9)选择修剪命令,选择直径 30 的圆为修剪边,修剪直径 30 圆内步骤(8)绘制的多余直线。

(10)选择环形阵列命令,选择对象为步骤(8)绘制的 3 条直线,选择完成后右击,阵列中心点选择圆心,项目数为 10,填充角度为 360°,取消关联,最后单击“关闭阵列”按钮。

(11)选择修剪命令,选择步骤(10)绘制直线为修剪边,完成圆的修剪。

视频

项目一任务三
还可以这样绘

还可以这样绘

(1)选择圆命令,在绘图区域任意位置单击以指定圆心,然后输入圆半径 35(或选择直径方式,输入直径 70)并按【Enter】键,完成直径 70 圆的绘制。

(2)选择矩形命令:

①提示“指定第一个角点:”时,将光标放在已绘制圆的圆心上,向下引出垂直追踪线,输入 7 并按【Enter】键。

②提示“指定另一个角点:”时,输入“43,14”并按【Enter】键。

(3)选择面域命令,选择对象为矩形和直径 70 的圆,选择完成后右击。

(4)选择环形阵列命令,对象选择为步骤(2)绘制的矩形,选择完成后右击,阵列中心点选择圆心,项目数为 8,填充角度为 360°,取消关联,最后单击“关闭阵列”按钮。

(5)在菜单栏中选择“修改”→“实体编辑”→“并集”命令,选择对象为直径 70 的圆及步骤(4)阵列得到的 8 个矩形,选择完成后右击。

(6)选择圆命令,捕捉已绘制圆的圆心,然后输入圆半径 15(或选择直径方式,输入直径 30)并按【Enter】键,完成直径 30 圆的绘制。

(7)选择矩形命令:

①提示“指定第一个角点:”时,将光标放在已绘制圆的圆心上,向下引出垂直追踪线,输入 3 并按【Enter】键。

②提示“指定另一个角点:”时,输入“18,6”并按【Enter】键。

(8)选择面域命令,选择对象为步骤(7)绘制的矩形及直径 30 的圆,选择完成后右击。

(9)选择环形阵列命令,对象选择为步骤(7)绘制的矩形,选择完成后右击,阵列中心点选择圆心,项目数为 10,填充角度为 360°,取消关联,最后单击“关闭阵列”按钮。

(10)在菜单栏中选择“修改”→“实体编辑”→“并集”命令,选择对象为直径 30 的圆及步骤(9)阵列的 10 个矩形,选择完成后右击。

(11)选择圆命令,捕捉已绘制圆的圆心,然后输入圆半径 10(或选择直径方式,输入直径 20)并按【Enter】键,完成直径 20 圆的绘制。

你还可以怎么绘?

学习笔记

同级操练

利用本任务所学的绘图命令，完成题图 1-6、题图 1-7 所示图形的绘制。

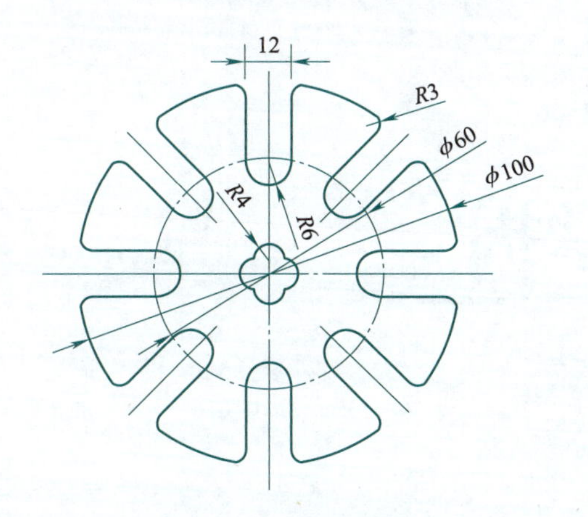

题图 1-6　绘制图形①

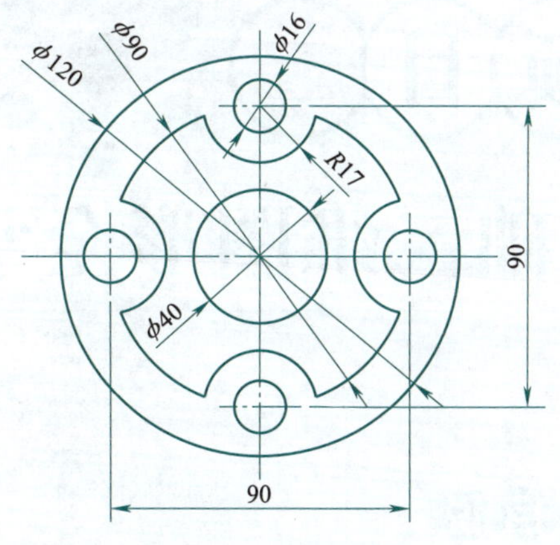

题图 1-7　绘制图形②

基础二维图形全掌握

学习笔记

项目说

在现代工业领域中，工业软件无处不在，从研发设计、生产调度到过程控制、业务管理，各个环节都离不开工业软件。在智能制造背景下，设计类软件的研发最为关键，例如，专门用于研发和设计的CAD(计算机辅助设计)专业制图软件，不管是摩天大楼、跨海大桥，还是飞机、轮船、网络通信的基站，都是从一纸蓝图开始的。

而蓝纸的开始在于人们在实践过程中不断总结出来的事物规律、技艺经验和专注细心。掌握事物规律：庖丁解牛的本领高超，是因为他深刻理解了牛的身体结构和内部规律，从而能够在操作中游刃有余。这也启示我们，要在实践中不断探索和研究事物的客观规律，这样才能够达到高效能状态。技艺与经验：庖丁解牛需要精湛的技艺和长时间的实践经验，这种技艺是通过不断的练习和总结获得的。在我们的学习和工作中，也应当注重积累经验和提升技能。专注与细心：庖丁解牛时需要高度集中注意力，对每一个动作都进行精细的处理。这种精神状态提醒我们在日常活动中要保持专注和细心，以达到最佳的效果。

任务一　简单二维图形绘中学

通过绘制图2-1所示图形，使学生熟练掌握图层、复制、镜像、圆角、极轴追踪等命令，同时巩固前述任务所学命令，提升绘图技巧。

任务分析

本任务图形中垂直中心线位置为两个半径为15的圆，可将中心线上方半径为15的圆绘制出来，然后在圆心向下距离为8的位置复制出一个相同大小的圆，再以该点为基点，相对坐标为“@50，-25”处为圆心、直径为20绘制圆，另外一个圆因为是对称关系，可用镜像命令进行绘制。

学习笔记

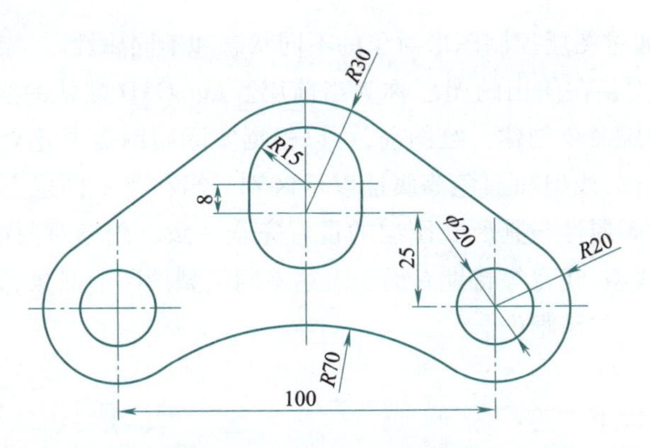

图 2-1　图形绘制

再定位圆心，根据尺寸画出外圆轮廓，然后用直线连接各个相切的圆（对象捕捉切点），最后用圆角命令画出图形下部的圆再修剪即可得到下部圆弧。

任务目标

1. 知识目标

（1）掌握图层的基本操作及使用方法；

（2）掌握圆角命令的运用方法；

（3）掌握镜像命令的运用方法；

（4）掌握复制命令的运用方法；

（5）掌握极轴追踪的运用方法。

2. 能力目标

（1）能够进行图层的新建、命名和删除，完成图层打开/关闭、冻结/解冻、锁定/解锁、打印/不打印、颜色、线性、线宽等属性的设置；

（2）能够运用圆角命令进行圆角的修剪并编辑修改。

3. 素质目标

（1）具备知识整合能力，提升简单二维图形的绘图与识图能力，培养创新思维；

（2）培养规范的绘图态度，提高绘图效率，减少绘图中错误产生的概率，树立严谨、细致的职业精神；

（3）具备持续学习的能力，持续学习新的知识和技能，不断锻炼和提升个人素质，增强职业能力。

绘图准备

绘制本任务图形需学习的命令：图层、复制、镜像、圆角、极轴追踪。

一、图层命令

分层绘图和分层管理是 AutoCAD 绘图中的一个重要思想，图层的概念类似投影片，将不同属性的对象分别放置在不同的投影片（图层）上，即图形对象是绘制在被称为图层的某一层面上的，一个图层就像一张透明的图纸，每个图层可以设定不同的线型、线宽、颜色等参数，用户可以在不同的图层上绘制不同的图形对象。最后将这些图层堆叠在一起，形成一张完整的

学习笔记

图纸。换言之，可以通过图层控制图形对象的不同状态和不同属性。

在 AutoCAD 中，把正在使用的图层称为当前层。AutoCAD 默认的当前图层为“0”层，其余图层由用户使用图层命令创建。绘图前，可以根据实际绘图需要建立若干个图层，并为每个图层设置不同的名称、线型和颜色等属性以示区别。当在某一图层上绘图时，生成图形对象的颜色、线型、线宽等属性与其所在图层的设置完全一致。图形对象的颜色有助于辨识图样中相似的实体，而线型、线宽等特性有助于表达不同类型的图形对象，熟练应用图层可以极大提高绘图效率和图形的清晰度。

1. 命令的启动

启动图层命令有以下方法：

(1)在“默认”选项卡的“图层”面板中单击“图层特性”按钮，如图 2-2 所示。

(2)在菜单栏中选择“格式”→“图层”命令，如图 2-3 所示。

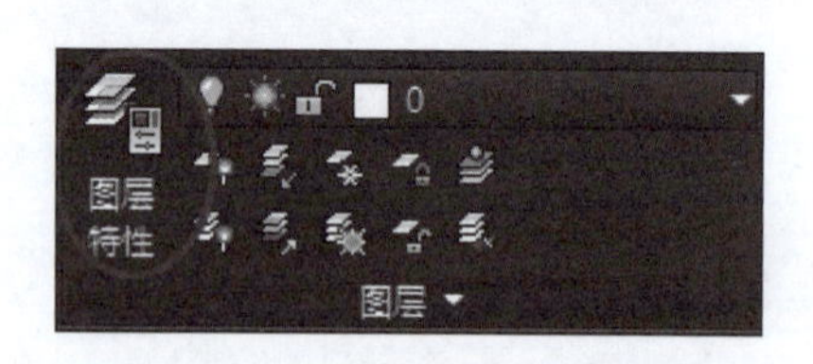

图 2-2　选项卡调用图层命令

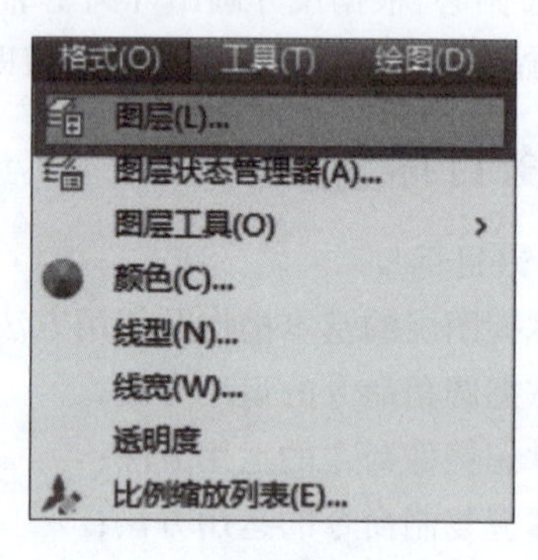

图 2-3　菜单调用图层命令

(3)在命令行中输入 LA 并按【Enter】键。

2. 命令的使用

图层命令启动后，弹出图 2-4 所示图层特性管理器。

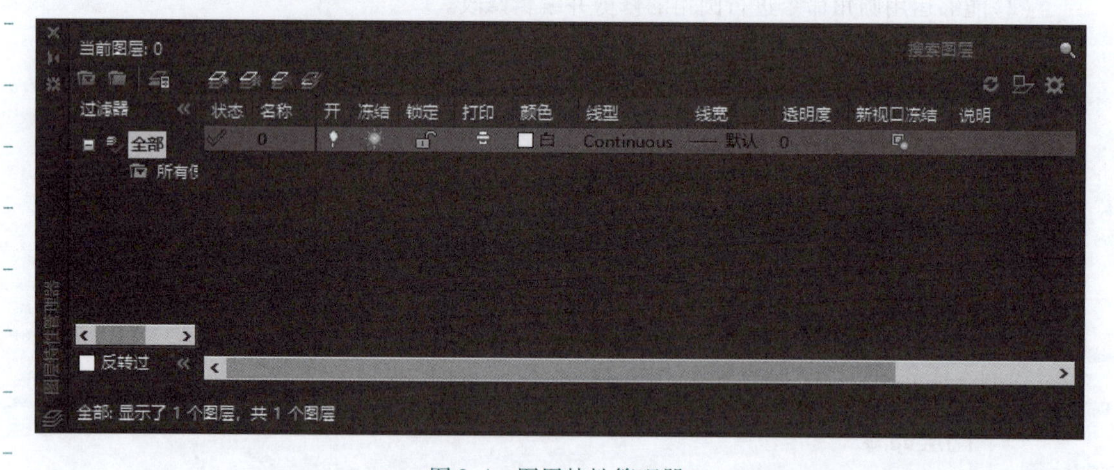

图 2-4　图层特性管理器

列表框中显示图层名称为“0”，状态为“√”，表示该图层为当前图层。0 图层是 AutoCAD 软件预设的图层，可确保图形文件上至少包含一个图层，这个图层无法被修改和删除，也不能进行重命名。建议不要在 0 层上画图，可以用 0 层创建图块。选项说明如图 2-5 所示。

学习笔记

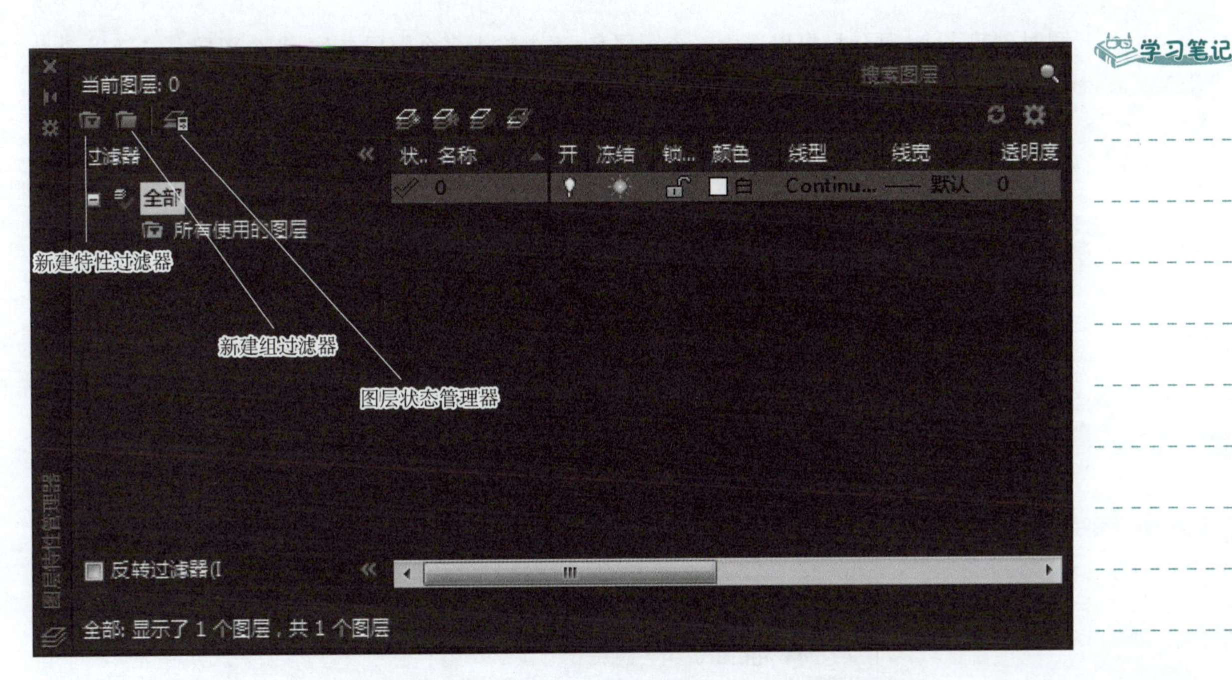

图 2-5　图层特性管理器选项示意图

(1)单击“新建特性过滤器”按钮，弹出“图层过滤器特性”对话框，如图 2-6 所示，从中可以基于一个或多个图层特性创建图层过滤器。

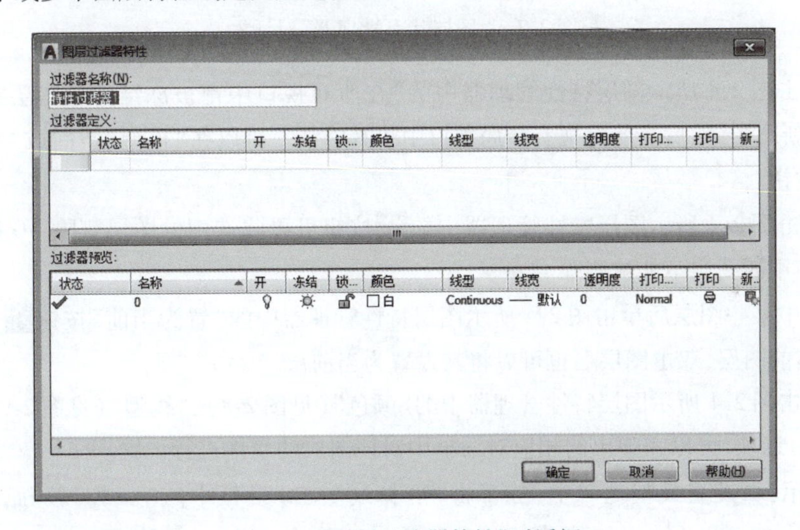

图 2-6　“图层过滤器特性”对话框

(2)单击“新建组过滤器”按钮可以创建一个图层过滤器，其中包含用户选定并添加到该过滤器的图层。

(3)单击“图层状态管理器”按钮，弹出“图层状态管理器”对话框，如图 2-7 所示，从中可以将图层的当前特性设置保存到命名图层状态中，以便随时恢复。

(4)单击图 2-4 所示图层特性管理器中的“新建图层”按钮，图层列表中出现一个新的图层，默认名称为“图层 1”，用户可以使用该图层名或者按照需要对其进行重命名。当需要

学习笔记

同时创建多个图层时,可以选中一个图层名,逐个输入多个图层名称,各个图层名之间以逗号分隔。图层的名称可以包含数字、字母、空格和特殊符号。新的图层将延续创建图层时选中图层的所有特性(如颜色、线型、线宽、开/关状态等)。

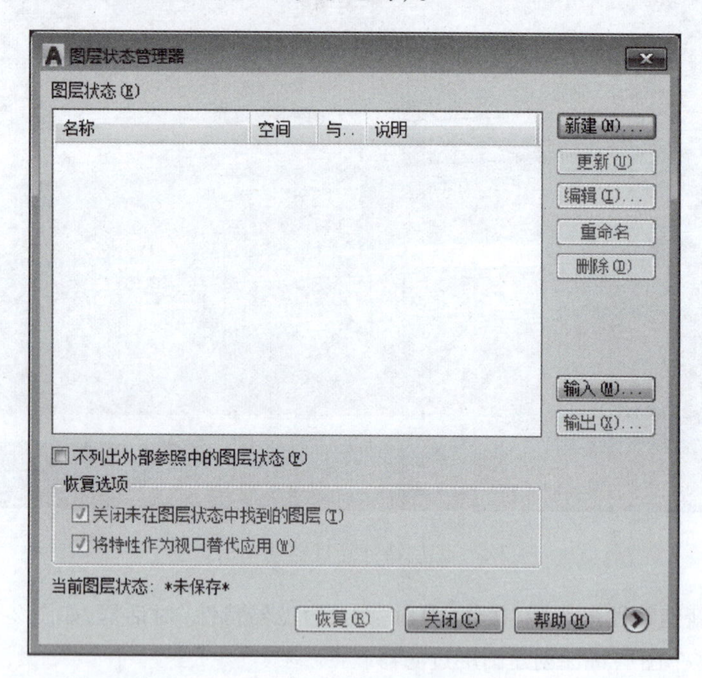

图 2-7 “图层状态管理器”对话框

(5)单击图 2-4 所示图层特性管理器中的“在所有视口中都被冻结的新图层视口”按钮,将创建新图层,然后在所有现有布局视口中将其冻结。可以在“模型”空间或“布局”空间中访问此按钮。

(6)单击图 2-4 所示图层特性管理器中的按钮可以将选中的图层删除。0 层、当前图层和已经使用的图层不能被删除。

(7)选中某一图层后单击图 2-4 所示图层特性管理器中的“置为当前”按钮,则把该图层设置为当前图层,双击图层名也可以将其设置为当前层。

(8)单击图 2-4 所示图层特性管理器中的“颜色”(见图 2-8)、“线型”(见图 2-9)、“线宽”(见图 2-10)选项,可以在弹出的相应对话框中对该图层的属性进行设置。

提示: 在设置线型过程中,可单击“选择线型”对话框中的“加载”按钮,在弹出的“加载或重载线型”对话框中选择需要的线型。

线宽设置完成后,如果需要观察绘制图线的实际宽度,需要单击状态栏中的“线宽”按钮,或按【L+W】组合键显示线宽,否则所有对象将按照默认线宽显示。

(9)在图层特性管理器中,还可以设置图层的“打开或关闭”“冻结或解冻”“锁定或解锁”“打印”等不同状态。

“关闭”状态表示图层上的所有对象无法显示出来,也不参与打印,但仍然可以在该图层上创建新的对象和编辑已有对象。

学习笔记

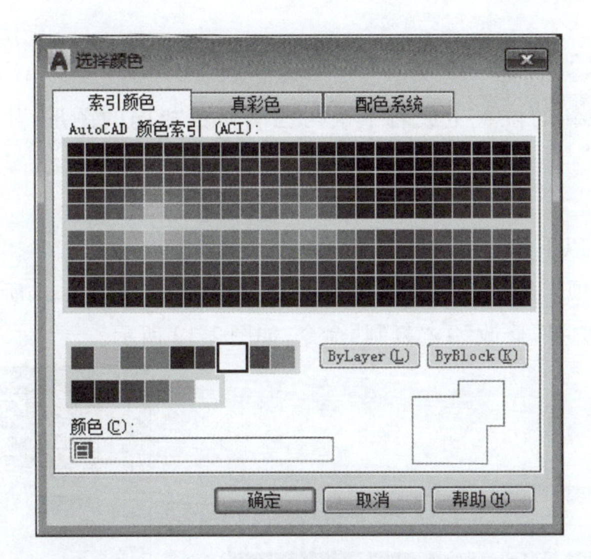

图 2-8　“选择颜色”对话框

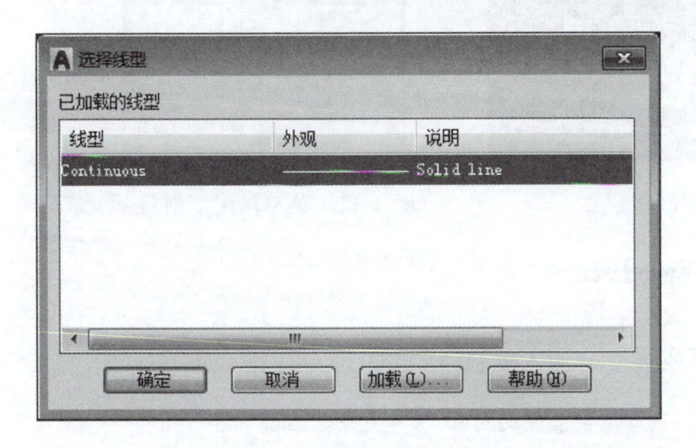

图 2-9　“选择线型”对话框

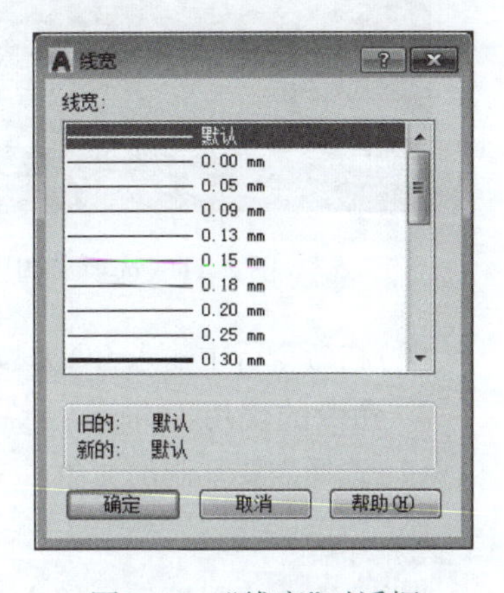

图 2-10　“线宽”对话框

“冻结”状态表示该图层上的所有对象均不可见,也不能被编辑修改和打印输出。冻结的图层不能被设为当前层。由于系统不再重新生成被冻结图层上的对象,因此,冻结某些图层后,可以加快一些命令和操作的运行速度。

“锁定”状态表示该图层上的对象可以显示,也可以继续创建新对象,但不能对该图层上原来已有的对象进行编辑修改。

“打印”表示该图层参与打印,若有打印禁止符号,则该图层不能被打印。通常将用于绘制辅助线的图层设置为不打印的图层。

(10)设置好图层后,关闭图层特性管理器并返回绘图界面,在工具栏的“图层”模块中也可以设置图层的属性,选择所需图层并在该图层上进行图形的绘制。绘图中要养成在所需图层绘制对象的习惯,通过图层控制图形对象的不同状态和不同属性,切忌把所有对象全部绘制在一个图层。

学习笔记

二、复制命令

复制命令可以在新的位置生成若干个与已有对象相同的图形，从而减少大量的重复劳动。

1. 命令的启动

启动复制命令有以下方法：

(1)在“默认”选项卡的“修改”面板中单击“复制”按钮，如图 2-11 所示。

(2)在菜单栏中选择“修改”→“复制”命令，如图 2-12 所示。

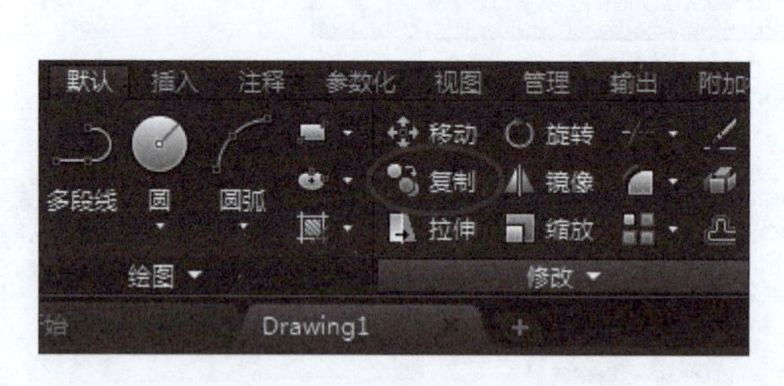

图 2-11　选项卡调用复制命令

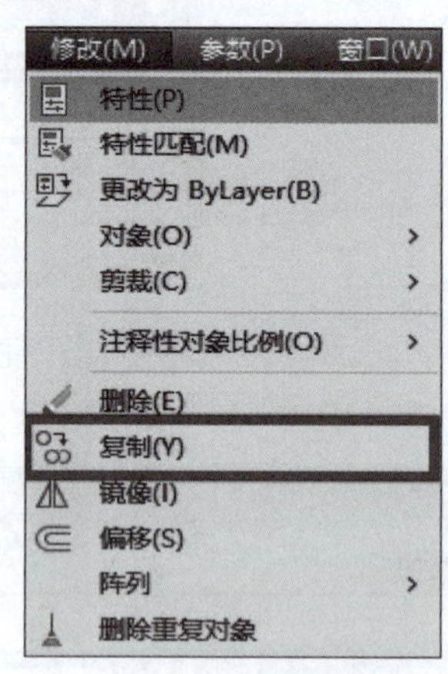

图 2-12　菜单调用复制命令

(3)在命令行中输入 CO 并按【Enter】键。

2. 命令的使用

(1)选择需要复制的对象(一个或多个)，输入复制命令 CO，命令行提示如下：

```
选择对象：                         //选择需要复制的对象，选择完成后右击
当前设置： 复制模式 = 多个         //表示当前处于复制模式下，且支持多个多次对象的复制
指定基点或 [位移(D)/模式(O)] <位移>：
指定第二个点或 [阵列(A)] <使用第一个点作为位移>：
```

(2)指定当前复制的基点。基点是复制对象的参考点，新的对象以该点为参考点进行复制。

(3)基点选择完成后，命令行提示如下：

```
指定第二个点或 [阵列(A)] <使用第一个点作为位移>：
```

指定第二个点后，系统将根据这两点确定的位移矢量将选择的对象复制到第二点处。如果此时直接按【Enter】键，即选择默认的“使用第一个点作为位移”，则第一个点被当作相对于 x、y、z 轴的位移。也可以结合对象捕捉将复制出的新对象放置在准确位置上，或结合相对坐标的输入将新对象放置在指定位置。

复制完成后，命令行继续提示如下：

```
指定第二个点或 [阵列(A)/退出(E)/放弃(U)] <退出>： //不断指定新的第二点，从而实现多重复制
```

学习笔记

“位移(D)”选项直接输入位移值,表示以选择对象时的拾取点为基准,以拾取点坐标为移动方向,按确定的纵横比移动指定位移后确定的点为基点。例如,选择对象时拾取点坐标为(4,6),输入位移值为10,则表示以(4,6)点为基准,沿纵横比为6:4的方向移动10个单位所确定的点为基点。

提示: 针对多重复制,可以在复制命令中选择参数时使用“阵列”命令完成。

三、镜像命令

镜像命令主要针对轴对称图形的复制,将选择的对象围绕一条镜像线(对称轴)作对称复制,操作完成后,可以保留源对象或删除源对象。

1. 命令的启动

启动镜像命令有以下方法:

(1)在“默认”选项卡的“修改”面板中单击“镜像”按钮,如图2-13所示。

(2)在菜单栏中选择“修改”→“镜像”命令,如图2-14所示。

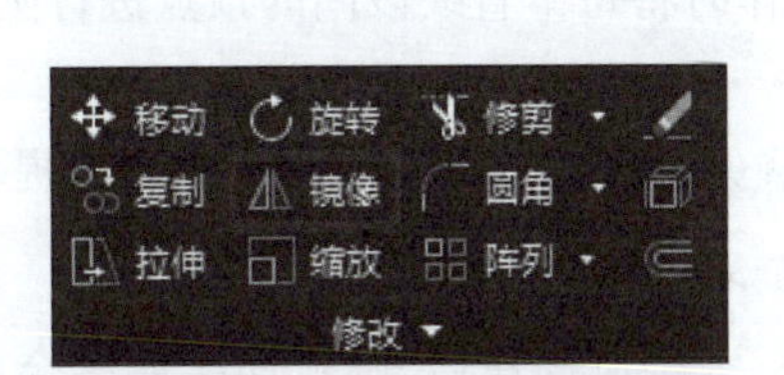

图2-13　选项卡调用镜像命令

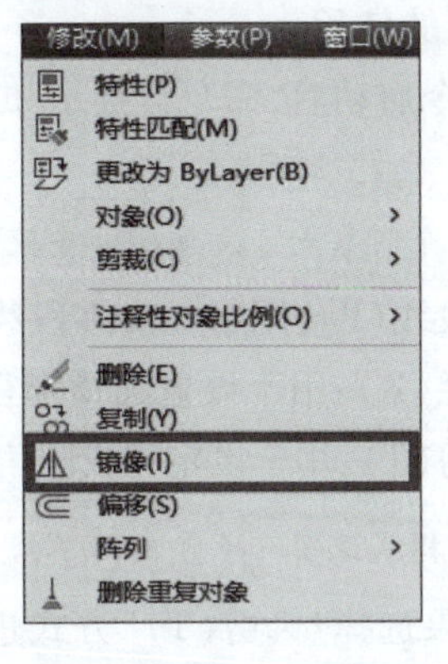

图2-14　菜单调用镜像命令

(3)在命令行中输入MI并按【Enter】键。

2. 命令的使用

镜像命令启动后,命令行提示如下:

```
选择对象:        //选择镜像对象,选择完成后右击
指定镜像线的第一点:
指定镜像线的第二点:
要删除源对象吗? [是(Y)/否(N)] <否>:
```

镜像线的方向可以是任意的,镜像线的方向不同,对称图形的位置则不同。默认状态下,文字是不作镜像处理的,若要将文字作镜像处理,则需要通过命令MIRRTEXT将系统变量设置为1。

四、圆角命令

圆角命令是指用一条指定半径的圆弧平滑连接两个对象。可以平滑连接一对直线段、非圆弧的多段线段、样条曲线、双向无限长线、射线、圆、圆弧或椭圆,并且可以在任何情况下平滑连接多段线的每个节点。

学习笔记

1. 命令的启动

启动圆角命令有以下方法：

(1)在“默认”选项卡的“修改”面板中单击“圆角”按钮，如图 2-15 所示。

(2)在菜单栏中选择“修改”→“圆角”命令，如图 2-16 所示。

图 2-15　选项卡调用圆角命令

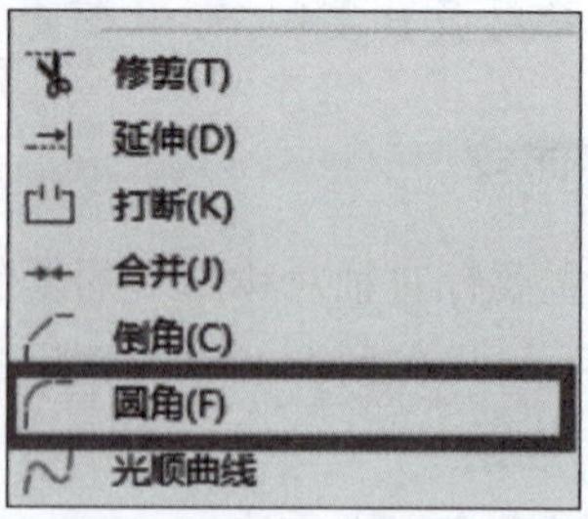

图 2-16　菜单调用圆角命令

(3)在命令行中输入 F 并按【Enter】键。

2. 命令的使用

圆角命令启动后，命令行提示如下：

```
当前设置：模式 = 修剪，半径 = 0.0000
选择第一个对象或 [放弃(U)/多段线(P)/半径(R)/修剪(T)/多个(M)]:
```

(1)多段线(P)：用于在对多段线进行圆角操作时将每个直线段间的顶点进行圆角操作。

(2)半径(R)：用于设置圆角半径。

(3)修剪(T)：用于设定完成圆角操作后是否修剪对象。选择该选项后，命令行提示如下：

```
输入修剪模式选项 [修剪(T)/不修剪(N)] <修剪>:
```

此时如果选择“修剪(T)”方式进行圆角操作，则完成操作后，圆弧连接后多余的部分将被修剪掉；选择“不修剪(N)”方式则在圆弧连接完成后保留图形对象状态。

(4)多个(M)：该选项可以一次创建多个圆角。

(5)按住【Shift】键并选择要应用角点的对象，选择第二个圆角对象时按住【Shift】键，系统将以半径为 0 替代当前的圆角半径，即如果将圆角半径设置为 0，则在修剪模式下，两条非平行直线的圆角操作为自动相交。

圆角命令不仅可以在直线对象间完成圆角操作，还可以在圆和圆弧及直线之间完成圆弧连接。

五、极轴追踪

启用极轴追踪功能后，可以在系统要求指定一个点时，按预先设置的角度增量显示一条无限延长的辅助线，沿着这条线，可以快速、方便地追踪到所需要的特征点。操作步骤如下：

(1)单击“极轴追踪”选项卡。

(2)启用极轴追踪快捷键【F10】，设置增量角或特殊附加角。

(3)激活直线命令，当出现设置的增量角角度时，绘图窗口中出现特殊提示，即可完成特殊角度的直线绘制。

提示：绘图时，极轴增量角不建议设置得太小，会干扰正常的绘图。

学习笔记

可以这样绘

(1)单击“默认”选项卡下“图层”面板中的“图层特性”按钮，进入图层特性管理器，新建常用图层，设置如下：

中心线：颜色设置为红色，线型设置为 ACAD_ISO04W100，线宽 0.3 mm。

轮廓线：颜色设置为默认，线型设置为 Continuous，线宽 0.6 mm。

(2)选择图层“轮廓线”层，将其设置为当前层。

视频

项目二任务一
可以这样绘

(3)在绘图区域任意位置单击以指定圆心，然后输入圆半径 15 并按【Enter】键，完成半径 15 圆的绘制。

(4)选择圆，输入复制命令 CO，指定圆心为基点，鼠标垂直向下控制方向，键盘输入 8。

(5)输入圆命令，以步骤(4)中圆的圆心为基点，键盘输入偏移值“@ 50，－25”确定圆心、直径为 20 绘制圆，同样操作输入偏移值“@ －50，－20”确定圆心、直径为 20 绘制左下的圆。

(6)以步骤(4)中圆的圆心为圆心，画出半径为 30 的圆；以步骤(5)中左右两个圆的圆心为圆心，画出半径为 20 的两个圆。

(7)用直线命令连接步骤(3)、(4)中的两个圆外轮廓的圆，记得打开对象捕捉中的“切点”模式。

(8)用圆角命令(圆角半径为 70)对步骤(6)所绘左右两侧外圆进行圆角处理。

(9)用修剪命令和删除命令修剪、删除图中多余的线段。

(10)将 “中心线”层设置为当前层，输入圆心标记快捷命令 CM 对中心线进行标记。

还可以这样绘

(1)设置图层同上，将“轮廓线”层设置为当前层。

(2)用圆角矩形方法绘制图中上部的几何图形：

视频

项目二任务一
还可以这样绘

①启动矩形命令(在命令行中输入 REC)。

②选择“圆角(F)”选项，修改矩形的圆角半径。

③输入 15 设置矩形的圆角半径为 15。

④在绘图区域任意位置单击以确定矩形的第一个角点，输入“30,38”确定第二个对角点的坐标。

(3)用临时定位基点命令绘制圆：

①启动圆命令(在命令行中输入 C)。

②命令行提示“指定圆的圆心或［三点(3P)/两点(2P)/切点、切点、半径(T)］:”，输入 FRO 使用“捕捉自”临时定位基点命令。

③利用圆心捕捉圆角矩形下半圆的圆心为基点。

④输入偏移值“@ －50，－25”，确定该点为圆的圆心，输入直径 20 确定圆的大小。

⑤同样操作输入偏移值“@ －50，－25”确定圆心，输入直径 20 绘制右下的圆。

(4)利用交点和端点捕捉步骤(2)中的圆角矩形下半圆的圆心为基点，以半径为 30 绘制圆。以步骤(3)中的圆的圆心为圆心，画出半径为 20 的两个圆。

(5)用直线命令连接步骤(4)中半径为 30 的圆和半径为 20 的两个圆。

(6)用圆角命令(圆角半径为 70)对步骤(4)中半径为 20 的圆进行圆角处理。

学习笔记

(7)用修剪命令和删除命令修剪、删除图中多余的线段。

(8)将“中心线”层设置为当前层，输入圆心标记快捷命令 CM 对中心线进行标记。

你还可以怎么绘？

同级操练

利用本任务所学的绘图命令，完成题图 2-1、题图 2-2 所示图形的绘制。

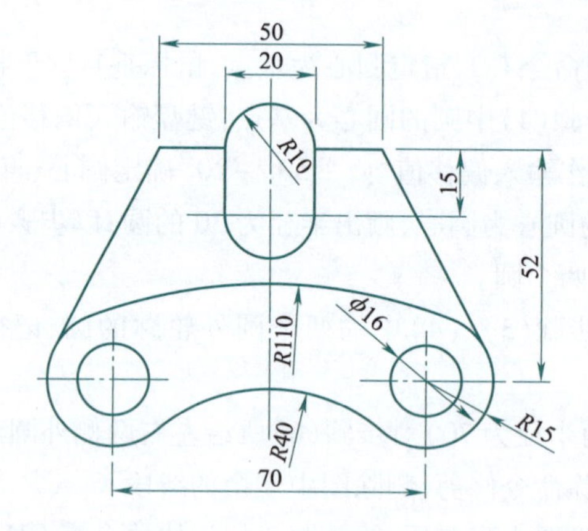

题图 2-1　绘制图形①

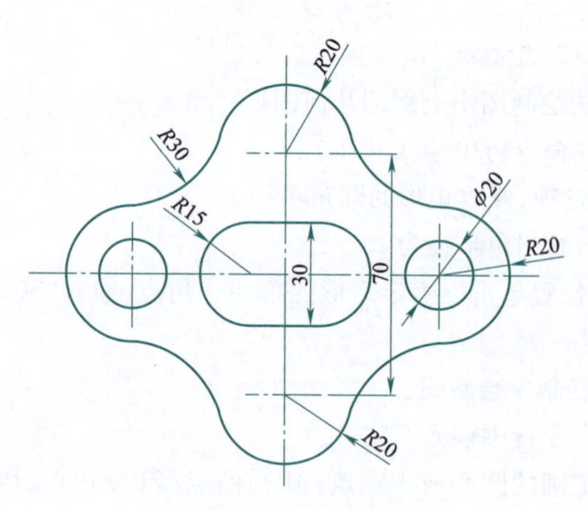

题图 2-2　绘制图形②

任务二　简单二维图形绘中思

本任务通过将前述任务所学命令与椭圆、椭圆弧、阵列、偏移等命令相结合完成图 2-17 所示图形绘制。通过本任务，使学生在学习新命令的同时，巩固并加强已学命令的使用，进一步提升绘图速度与技巧。

学习笔记

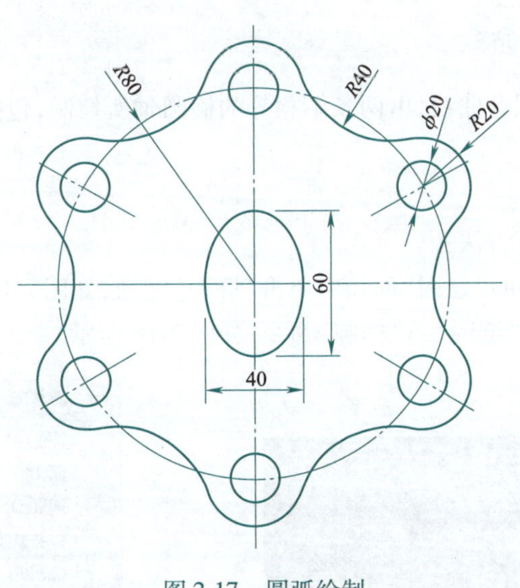

图 2-17　圆弧绘制

任务分析

本任务中椭圆与半径为 80 的圆的几何中心点是同一个点，最上方的两个同心圆是位置较为确定的对象，使用阵列命令可以阵列出六组相同的对象，最后通过圆角命令连接六组对象。

任务目标

1. 知识目标

（1）掌握椭圆和椭圆弧不同的绘制方法；

（2）掌握阵列命令中矩形阵列、路径阵列和极轴阵列三种阵列绘制的方法；

（3）掌握偏移命令的使用方法。

2. 能力目标

（1）能够使用阵列命令快速生成一系列排列整齐的图形，高效创建二维图形，提升绘图效率；

（2）能够运用偏移命令创建与现有对象平行的新对象，并进行测量和距离分析，快速制图，高效地完成设计任务，提高设计的准确性和质量。

3. 素质目标

（1）具备信息归纳整理能力，能够从信息中提炼出共性，发现潜在的规律和趋势，更加高效地处理信息，提高学习效率；

（2）培养敬业、精益求精、专注、创新的职业精神，不断改进和创新绘图技巧，提高绘图效率和学习效率。

绘图准备

绘制本图形需要使用的命令：圆、圆角、椭圆与椭圆弧、阵列、偏移。

前述任务中已学过的命令：圆、圆角。

本任务需学习的命令：椭圆与椭圆弧、阵列、偏移。

学习笔记

一、椭圆与椭圆弧命令

椭圆是一种特殊的闭合曲线，由两条不相等的椭圆轴所控制，包括中心点、长轴和短轴等几何特征。

1. 命令的启动

启动椭圆命令有以下方法：

（1）在“默认”选项卡的“绘图”面板中单击“椭圆”按钮，如图2-18所示。

（2）在菜单栏中选择“绘图”→“椭圆”命令，如图2-19所示。

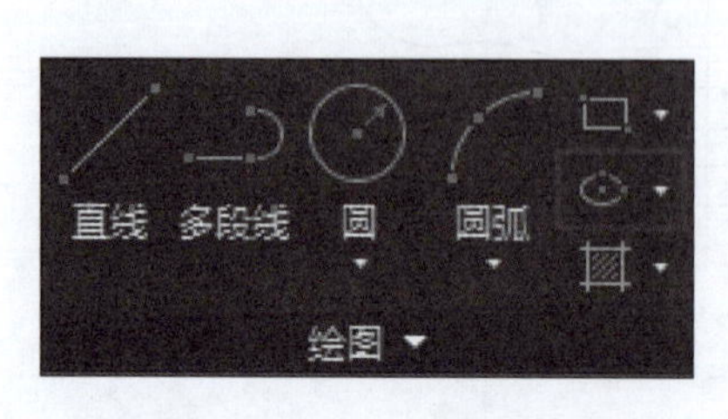

图2-18　选项卡调用椭圆命令

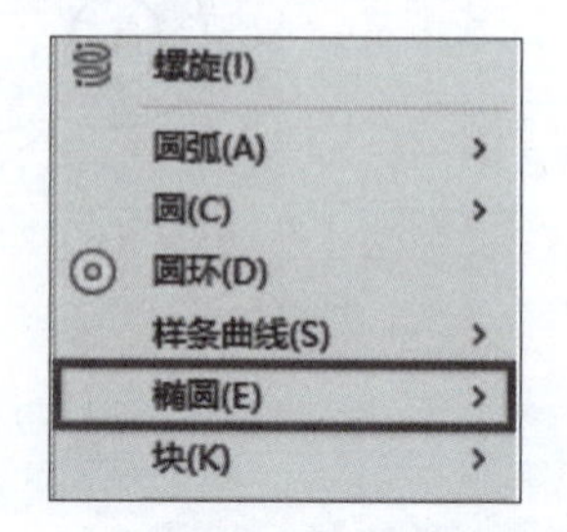

图2-19　菜单调用椭圆命令

（3）在命令行中输入EL并按【Enter】键。

2. 命令的使用

椭圆命令启动后，命令行提示如下：

```
指定椭圆的轴端点或[圆弧(A)/中心点(C)]:
指定轴的另一个端点:
指定另一条半轴长度或[旋转(R)]:
```

（1）指定椭圆的轴端点：根据两个端点定义椭圆的第一条轴，该轴的角度确定了整个椭圆的角度。第一条轴既可以定义椭圆的长轴，也可以定义其短轴。

（2）圆弧（A）：用于创建一段椭圆弧，与“默认”选项卡“绘图”面板中的“椭圆弧”功能相同，其中第一条轴的角度确定椭圆弧的角度。选择该选项后，命令行提示如下：

```
指定椭圆的轴端点或[圆弧(A)/中心点(C)]: A
指定椭圆弧的轴端点或[中心点(C)]:
指定轴的另一个端点:
指定另一条半轴长度或[旋转(R)]:
指定起点角度或[参数(P)]: P
指定起点参数或[角度(A)]:
```

（3）中心点（C）：指定椭圆的中心点。

（4）旋转（R）：指定绕长轴旋转的角度。

二、阵列命令

阵列是指多重复制选择对象并把这些副本按矩形、路径或环形有规律地排列。把副本按矩形进行行、列排列称为建立矩形阵列，把副本按指定的路径进行排列称为建立路径阵列，把副本按某一中心点环形排列称为建立环形阵列。

学习笔记

1. 命令的启动

启动阵列命令有以下方法：

(1)在“默认”选项卡的“修改”面板中单击“阵列”按钮，如图 2-20 所示。

(2)在菜单栏中选择“修改”→“阵列”命令，如图 2-21 所示。

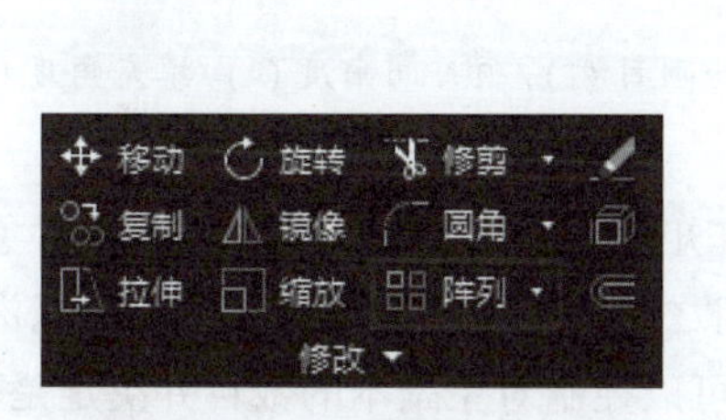

图 2-20　选项卡调用阵列命令

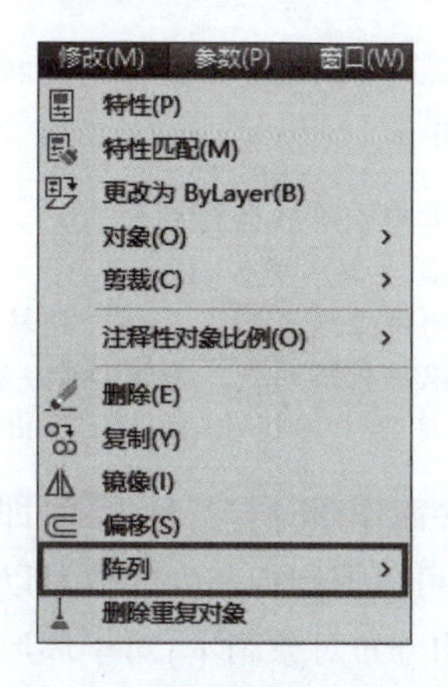

图 2-21　菜单调用阵列命令

(3)在命令行中输入 AR 并按【Enter】键。

2. 命令的使用

阵列命令启动后，命令行提示如下：

```
选择对象：                                              //使用对象选择方法
输入阵列类型[矩形(R)/路径(PA)/极轴(PO)]<路径>：PA
类型=路径　关联=是
选择路径曲线：                                          //选择需要阵列的路径线路
选择夹点以编辑阵列或[关联(AS)/方法(M)/基点(B)/切向(T)/项目(I)/行(R)/层(L)/对齐
项目(A)/z 方向(Z)/退出(X)]<退出>：
指定沿路径的项目之间的距离或[表达式(E)]<249.7276>：   //指定距离
最大项目数=5
指定项目数或[填写完整路径(F)/表达式(E)]<5>：           //输入项目数目
选择夹点以编辑阵列或[关联(AS)/方法(M)/基点(B)/切向(T)/项目(I)/行(R)/层(L)/对齐
项目(A)/z 方向(Z)/退出(X)]<退出>：
```

(1)矩形(R)：将选定对象的副本分布到行数、列数和层数的任意组合。选择该选项，命令行提示如下：

```
输入阵列类型[矩形(R)/路径(PA)/极轴(PO)]<路径>：R
类型=矩形 关联=是
选择夹点以编辑阵列或[关联(AS)/基点(B)/计数(COU)/间距(S)/列数(COL)/行数(R)/层数
(L)/退出(X)]<退出>：
```

可以通过夹点(夹点是 AutoCAD 软件中的一个辅助功能，可用于在绘图过程中准确地捕捉和定位特定点的位置)调整阵列间距、行数、列数和层数，也可以在工具栏中设置行数和列数、行间距和列间距以及行距总数和列距总数。

(2)路径(PA)：沿路径或部分路径均匀分布选定对象的副本。选择该选项后，命令行提示如下：

学习笔记

输入阵列类型［矩形(R)/路径(PA)/极轴(PO)］<路径>：PA
类型=路径 关联=是
选择路径曲线：　　　　　　　　　　//选择一条曲线作为阵列路径
选择夹点以编辑阵列或［关联(AS)/方法(M)/基点(B)/切向(T)/项目(I)/行(R)/层(L)/对齐项目(A)/方向(Z)/退出(X)］<退出>：

(3)极轴(PO)：在绕中心点或旋转轴的环形阵列中均匀分布对象副本。选择该选项后，命令行提示如下：

输入阵列类型［矩形(R)/路径(PA)/极轴(PO)］<路径>：PO
类型=极轴 关联=是
指定阵列的中心点或［基点(B)/旋转轴(A)］：
选择夹点以编辑阵列或［关联(AS)/基点(B)/项目(I)/项目间角度(A)/填充角度(F)/行(ROW)/层(L)/旋转项目(ROT)/退出(X)］<退出>：

阵列在平面作图时有三种方式，即可以在矩形、路径或环形阵列中创建对象的副本。对于矩形阵列，可以控制行和列的数目以及它们之间的距离；对于路径阵列，可以沿整个路径或部分路径平均分布对象副本；对于环形阵列，可以控制对象副本的数目并决定是否旋转副本。

三、偏移命令

偏移命令是将已有图形对象朝某一方向偏移一定距离，并在新的位置生成形状相似的图形。

1. 命令的启动

启动偏移命令有以下方法：

(1)在“默认”选项卡的“修改”面板中单击“偏移”按钮，如图2-22所示。

(2)在菜单栏中选择“修改”→“偏移”命令，如图2-23所示。

图2-22　选项卡调用偏移命令

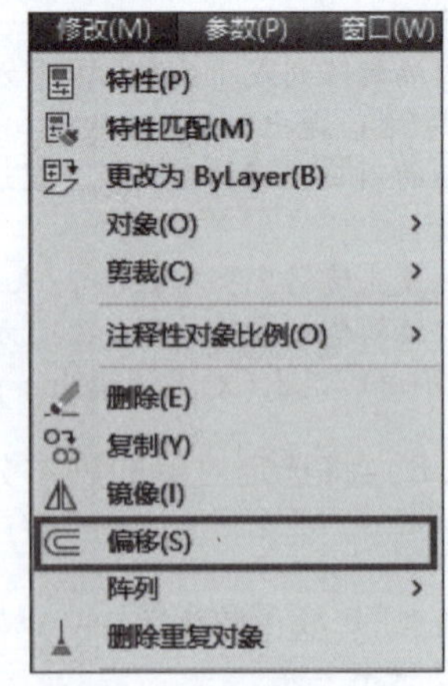

图2-23　菜单调用偏移命令

(3)在命令行中输入OFFSET并按【Enter】键。

2. 命令的使用

偏移命令启动后，命令行提示如下：

当前设置：删除源=否　图层=源　OFFSETGAPTYPE=0
指定偏移距离或［通过(T)/删除(E)/图层(L)］<通过>：　　//指定偏移距离的大小

学习笔记

```
选择要偏移的对象,或[退出(E)/放弃(U)] <退出>:
指定要偏移的那一侧上的点,或[退出(E)/多个(M)/放弃(U)] <退出>:  //指定偏移的方向
选择要偏移的对象,或[退出(E)/放弃(U)] <退出>:
```

(1)指定偏移距离:在指定偏移距离时,既可以直接输入距离值,也可以用鼠标在屏幕上拾取两点作为偏移距离。

(2)选择要偏移的对象:选择偏移对象后,可以更改提示框中偏移距离的数值控制偏移距离。

(3)通过(T):指定偏移的通过点,选择该选项后,命令行提示如下:

```
指定偏移距离或[通过(T)/删除(E)/图层(L)] <10.0000>: T
选择要偏移的对象,或[退出(E)/放弃(U)] <退出>:          //选择要偏移的对象
指定通过点或[退出(E)/多个(M)/放弃(U)] <退出>:        //指定偏移对象的一个通过点
```

执行上述操作后,系统会根据指定的通过点绘制出偏移对象。

(4)删除(E):偏移源对象后将其删除,选择该选项后,命令行提示如下:

```
指定偏移距离或[通过(T)/删除(E)/图层(L)] <通过>: E
要在偏移后删除源对象吗?[是(Y)/否(N)] <否>:
```

(5)图层(L):确定将偏移对象创建在当前图层上还是源对象所在的图层上,即可在不同的图层上偏移对象,选择该选项后,命令行提示如下:

```
指定偏移距离或[通过(T)/删除(E)/图层(L)] <通过>: L
输入偏移对象的图层选项[当前(C)/源(S)] <源>:
```

如果偏移对象的图层选择为当前层,则偏移对象的图层特性与当前图层相同。

(6)多个(M):使用当前偏移距离重复进行偏移操作,并接受附加的通过点,选择该选项后,命令行提示如下:

```
指定偏移距离或[通过(T)/删除(E)/图层(L)] <通过>: E
要在偏移后删除源对象吗?[是(Y)/否(N)] <否>:
```

在 AutoCAD 中,可以使用偏移命令对指定的直线、圆弧、圆等对象作定距离偏移复制操作。在实际应用中,常利用偏移命令的特性创建平行线或等距离分布图形,效果与"矩形阵列"相同。默认情况下,需要先指定偏移距离,再选择要偏移复制的对象,然后指定偏移方向,最终复制出需要的对象。

实操贴士

可以这样绘

视频

项目二任务二
可以这样绘

(1)单击"默认"选择卡下"图层"面板中的"图层特性"按钮,进入图层特性管理器,新建常用图层,设置如下:

中心线:颜色设置为红色,线型设置为 ACAD_ISO04W100,线宽 0.3 mm。

轮廓线:颜色设置为默认,线型设置为 Continuous,线宽 0.6 mm。

(2)选择图层"中心线"层,将其设置为当前层。

(3)绘制水平和垂直的两条中心线和半径为 80 的辅助圆,辅助圆的圆心在中心线交点处。

(4)选择图层"轮廓线"层,将其设置为当前层。

(5)以水平和垂直的辅助中心线交点为椭圆中心点绘制长轴 60、短轴 40 的椭圆。

学习笔记

(6)在辅助圆(中心线圆)的正上方象限点位置上绘制一个直径为20的圆和一个半径为20的圆,圆心为同一个点。

(7)选中步骤(6)中的两个圆,用阵列命令(极轴阵列)阵列出六组相同的对象,中心点为水平和垂直的中心线交点。

(8)选中步骤(7)中阵列出的对象,用分解命令将其分解。

(9)用圆角命令(圆角半径设置为40)连接彼此相近的两个外圆,完成圆弧的绘制。

(10)用修剪命令对半径为20的圆按图2-17所示进行修剪,完成绘制。

还可以这样绘

• 视频

项目二任务二
还可以这样绘

(1)设置图层同上,选择"中心线"层设置为当前层,绘制水平和垂直的两条中心线和半径为80的辅助圆,辅助圆的圆心在中心点交点处。

(2)选择图层"轮廓线"层,将其设置为当前层。

(3)以水平和垂直的辅助中心线交点为椭圆中心点绘制长轴60、短轴40的椭圆。

(4)在辅助圆(中心线圆)的正上方象限点位置绘制一个直径为20的圆和半径为20的圆,圆心为同一个点。

(5)选中步骤(4)中的两个圆,用阵列命令(极轴阵列)阵列出六组相同的对象,中心点为水平和垂直的中心线交点。

(6)选中步骤(5)中阵列出的对象,用分解命令将其分解。

(7)用圆命令(相切、相切、半径40)连接彼此相近的两个外圆,用修剪命令剪去多余的圆弧,其余圆弧可以使用阵列命令完成绘制。

(8)用修剪命令对半径为20的圆按图2-17所示进行修剪,完成绘制。

你还可以怎么绘?

同级操练

利用本任务所学的绘图命令,完成题图2-3、题图2-4所示图形的绘制。

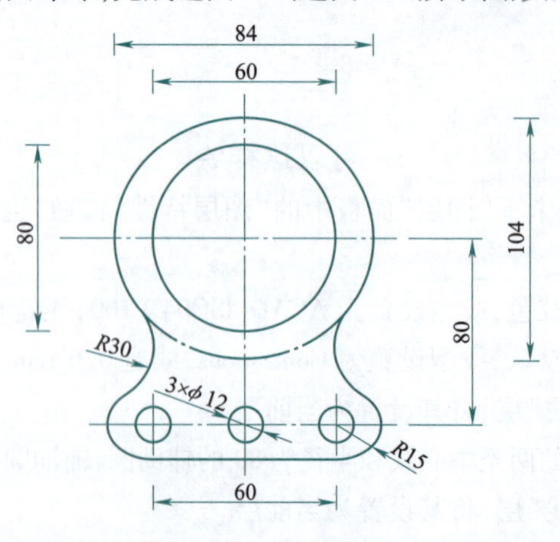

题图2-3　绘制图形①

学习笔记

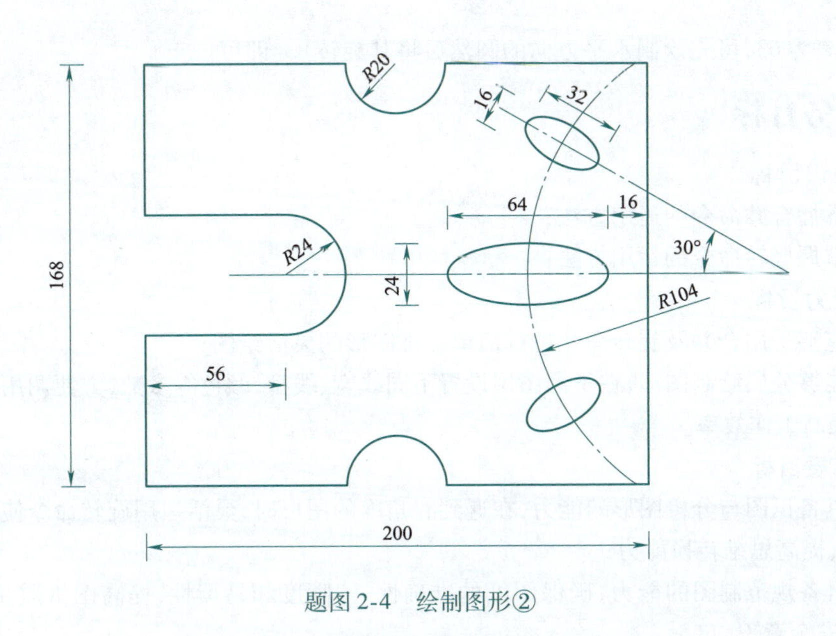

题图 2-4　绘制图形②

任务三　简单二维图形绘中制

本任务通过绘制图 2-24 所示图形，使学生掌握对称图形的基本绘制方法和绘图步骤，同时掌握合并、旋转命令的使用技巧，为绘制复杂二维图形对象作准备。

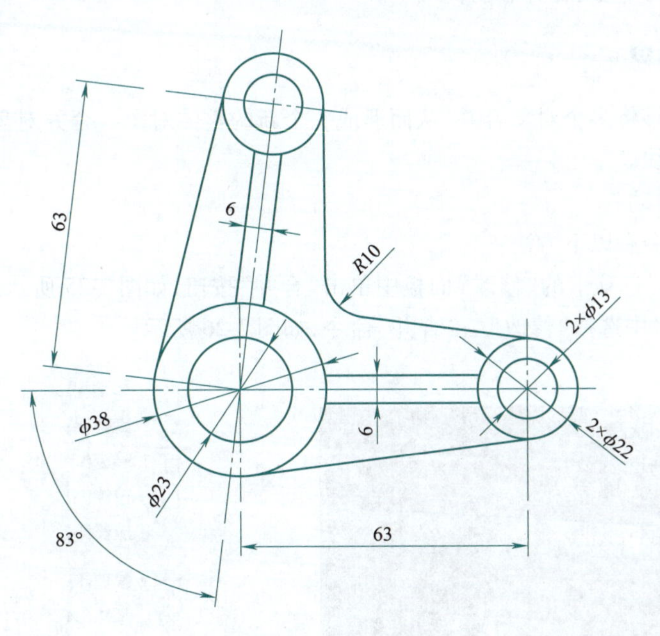

图 2-24　图形绘制

任务分析

本任务图形中，直径为 23 和 38 的圆为同心圆，直径为 13 和 22 的圆也为同心圆，两组圆

学习笔记

的圆心距离为63,可先绘制水平方向的圆然后将其旋转83°即可。

任务目标

1. 知识目标

(1)掌握合并命令的运用方法;

(2)掌握旋转命令的运用方法。

2. 能力目标

(1)能够运用合并及旋转命令进行简单二维图形的灵活绘图;

(2)能够分层绘制图形,在不同图层设置不同线宽、线型、颜色等参数,方便调用及管理图层,有效提高工作效率。

3. 素质目标

(1)具备识图与分析图形的能力,在遇到有角度的图形时,灵活运用旋转命令使图形变成常见图形,提高思维转换能力;

(2)具备规范制图的能力,确保图纸的准确性、清晰度和易读性,提高图纸质量,树立质量、生命、安全意识。

绘图准备

绘制本图形需要使用的命令:旋转、合并、圆角、圆、图层设置。

前述任务中已学过的命令:圆、圆角、图层设置。

本任务需学习命令:合并、旋转。

一、合并命令

合并命令能够将多个对象合并,从而形成一个新的整体对象。合并对象可以是直线、圆、椭圆弧或样条曲线。

1. 命令的启动

启动合并命令有以下方法:

(1)在“默认”选项卡的“修改”面板中单击“合并”按钮,如图2-25所示。

(2)在菜单栏中选择“修改”→“合并”命令,如图2-26所示。

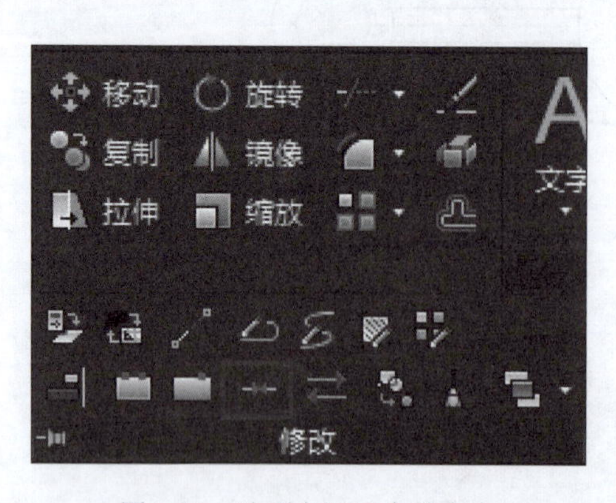

图2-25　选项卡调用合并命令

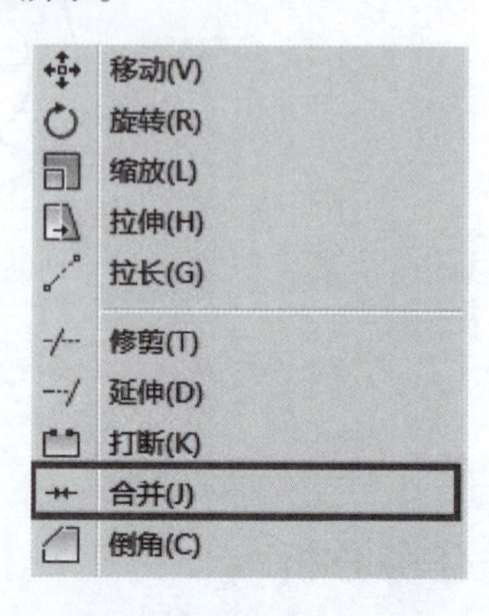

图2-26　菜单调用合并命令

(3)在命令行中输入 J 并按【Enter】键。

2. 命令的使用

合并命令启动后,命令行提示如下:

选择源对象或要一次合并的多个对象://选择需要合并的对象;如果是圆弧或椭圆弧,可以使用闭合命令创建完整的圆或椭圆

二、旋转命令

在实际绘图中,很多图形对象并不是水平、竖直方向或某些特殊位置方向,如果绘图时直接按照图形对象的原始方向绘制,则可能在图形对象的定位、定向上增加绘图难度,耗费更多时间。此时可以按容易辨识的方向将图形绘制完成后,再根据其放置方向进行一定角度的旋转,这样可以大大节省绘图时间。

1. 命令的启动

启动旋转命令有以下方法:

(1)在"默认"选项卡的"修改"面板中单击"旋转"按钮,如图 2-27 所示。

(2)在菜单栏中选择"修改"→"旋转"命令,如图 2-28 所示。

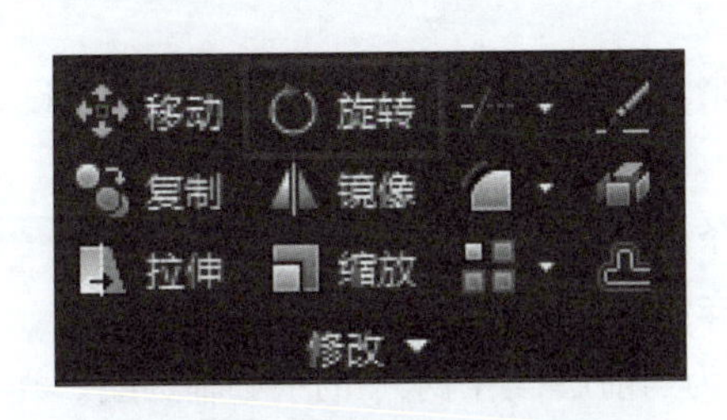

图 2-27　选项卡调用旋转命令

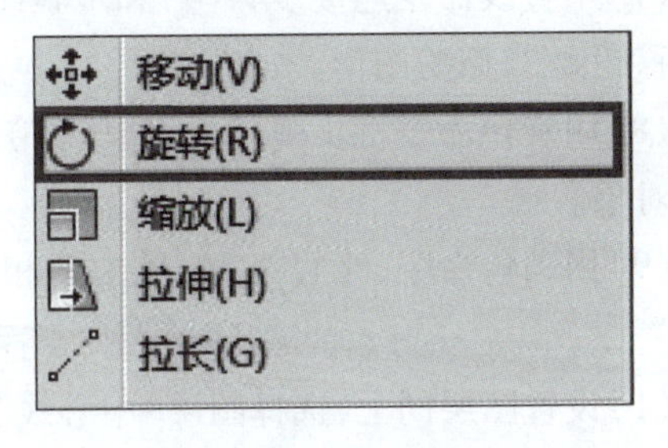

图 2-28　菜单调用旋转命令

2. 命令的使用

旋转命令启动后,命令行提示如下:

UCS 当前的正角方向: ANGDIR = 逆时针 ANGBASE = 0
选择对象:　　　　//选择需要旋转的对象,按【Enter】键或右击确认选择的对象
指定基点:　　　　//配合对象捕捉工具以确认围绕某个点为基点进行旋转
指定旋转角度,或 [复制(C)/参照(R)] <0>:

(1)基点的选择与实体旋转后的图形位置有关,因此,应根据绘图需要指定基点,且基点最好选在已知的对象上,这样可以避免后续绘图时引起混乱。

(2)转角是基于当前用户坐标系测量的。若输入的旋转角度为正,选定对象将按逆时针方向旋转;反之,若旋转角度为负,选定对象将按顺时针方向旋转。

(3)在默认状态下,旋转操作完成后,原位置上的图形对象将被删除,若要保留原位置上的图形对象,可以在命令行"指定旋转角度,或 [复制(C)/参照(R)] <0>:"提示下选择"复制(C)"选项,并确定旋转角度。

(4)在某些情况下,可能并不能直接知道旋转的角度值,但可以在图中获取对象旋转前后的位置信息,此时,可以在命令行"指定旋转角度命令行,或[复制(C)/参照(R)] <0>:"提

学习笔记

示下选择“参照(R)”选项,指定某个方向作为起始参照角,然后选择一个新对象作为原对象要旋转到的位置,以此方式确定旋转角度。

实操贴士

可以这样绘

视频 项目二任务三 可以这样绘

(1)单击“默认”选项卡下“图层”面板中的“图层特性”按钮,进入图层特性管理器,新建常用图层,设置如下:

中心线:颜色设置为红色,线型设置为 ACAD_ISO04W100,线宽 0.3 mm。

轮廓线:颜色设置为默认,线型设置为 Continuous,线宽 0.6 mm。

(2)选择图层“中心线”层设置为当前层,绘制水平的中心辅助线。

(3)选择图层“轮廓线”层,将其设置为当前层。

(4)绘制直径为 23 和 38 的两个同心圆。

(5)以步骤(4)已绘制圆的圆心为基点,用对象追踪功能水平向右 63 处为圆心,绘制直径 13 和 22 的圆。

(6)用直线命令结合对象捕捉(切点)功能绘制步骤(4)和步骤(5)中两个外圆的切线。

(7)用直线命令连接步骤(4)和步骤(5)中两个内圆的圆心,并用偏移命令分别向上和向下偏移距离 3,修剪图形。

(8)用旋转命令将步骤(5)至步骤(7)所绘图形逆时针方向旋转 83°,旋转时参数设置为复制对象。

(9)用圆角命令(半径为 10)将右侧相交的两条直线圆角并进行修剪。

还可以这样绘

视频 项目二任务三 还可以这样绘

(1)设置图层同上,选择图层“中心线”层设置为当前层,绘制水平的中心辅助线。

(2)选择图层“轮廓线”层,将其设置为当前层。

(3)绘制直径为 13、22、23 和 38 的四个同心圆。

(4)以圆心为基点,用移动命令将直径 13 和 22 的圆水平向右移动 63。

(5)用直线命令将左侧直径为 38 的圆和右侧直径为 22 的圆用切线连接起来(也可以使用临时追踪切点功能 tan)。

(6)用直线命令连接左右圆的圆心。

(7)以偏移距离 3 分别上下偏移步骤(6)所绘直线,修剪多余部分。

(8)用旋转命令将步骤(4)至步骤(8)所绘图形旋转 83°,旋转时参数设置为复制对象。

(9)用圆角命令(半径为 10)将右侧相交的两条直线圆角并进行修剪。

你还可以怎么绘?

同级操练

学习笔记

利用本任务所学的绘图命令，完成题图 2-5、题图 2-6 所示图形的绘制。

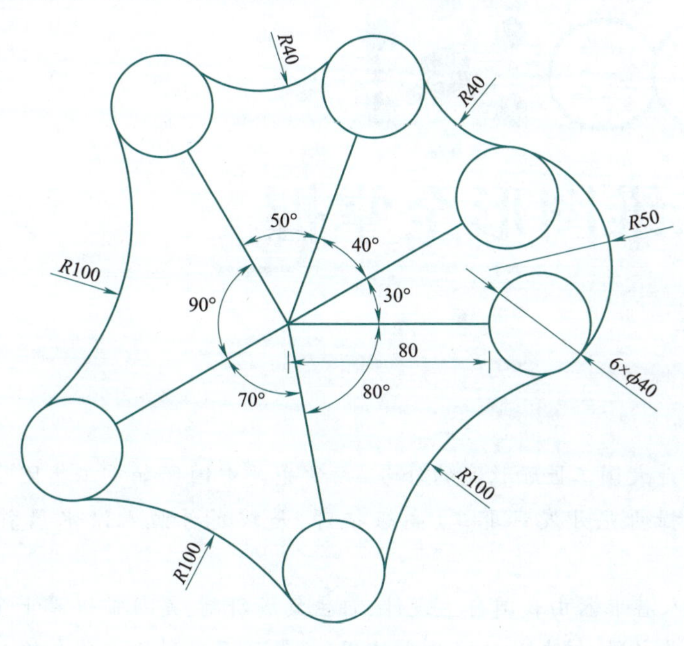

题图 2-5　绘制图形①

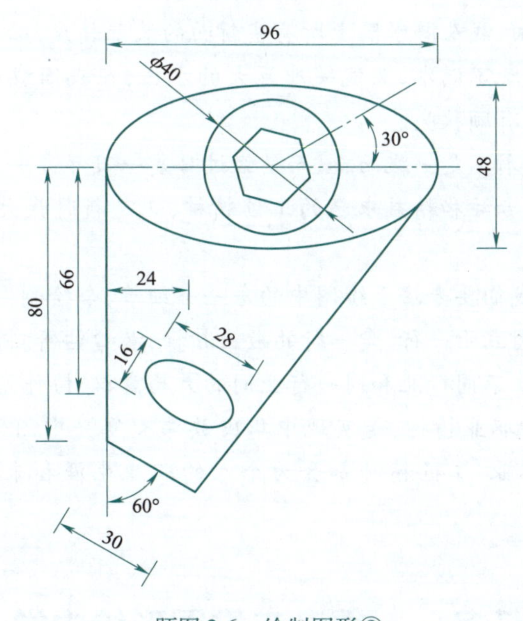

题图 2-6　绘制图形②

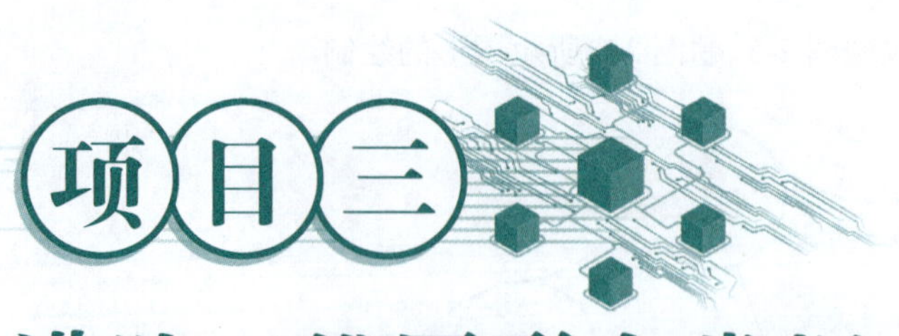

进阶二维图形全掌握

学习笔记

项目说

“顾两丝”是大国工匠顾秋亮的外号，顾秋亮是中国船舶重工集团公司第七〇二研究所水下工程研究开发部职工、高级技师，是蛟龙号载人潜水器首席装配钳工技师。

蛟龙号载人潜水器由我国自主设计、自主集成研制，是目前世界上下潜能力最深的作业型载人潜水器，蛟龙号从诞生到使用，凝聚了无数科研工作者的心血。

1 kg，是深海中一个指甲大小的面积上要受到的水压。1 丝，即 0.01 mm，只有一根头发丝的 1/10 粗细，载人潜水器上所有密封面的装配精度，必须控制到几丝，才能确保潜水器在深海里既不漏水，又能缓冲巨大的水压，在我国载人潜水器的组装中，能实现这个精度的只有顾秋亮。

顾秋亮精湛的技术不是一蹴而就，而是经过日复一日年复一年的练习、钻研才得来的。他执着、坚守、专注和精益求精的工匠精神，正是新时代大学生需要学习和培养的。

结合学习项目，我们要专注于绘图中的每一个细节，令绘制图形的每一个步骤都严谨地按要求完成，树立干一行、爱一行的敬业精神，潜心钻研、脚踏实地。CAD 绘图覆盖许多行业，要树立不同行业和同一行业间的大局意识、协作意识、服务意识。

工匠精神是一种职业精神，是实现中华民族伟大复兴中国梦的精神力量，无论未来选择什么样的职业，工匠精神都会为个人的职业生涯和未来发展打下坚实的基础。

任务一　复杂二维图形绘中学

本任务进行剖面图的绘制，如图 3-1 所示。剖面图用于分析和展示不同部件的布局和相对位置，还可以对其进行设计和分析。本任务绘制完成后，需要进行尺寸标注，要求标注尺寸应清晰、易读，不能因过大或过小而影响视觉效果。

学习笔记

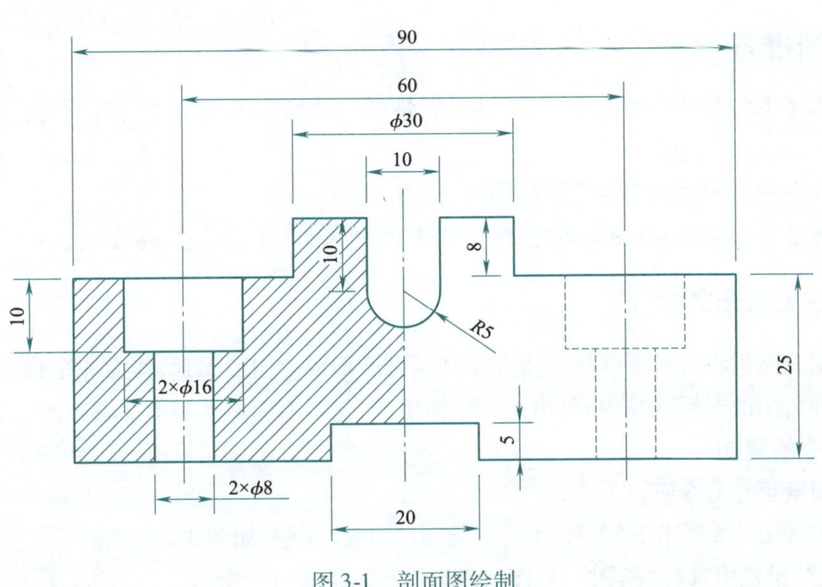

图 3-1　剖面图绘制

任务分析

本任务不但需要绘制图形，还要完成标注和填充，故需要分图层绘制。

任务中的图形左右对称，可以先绘制一半，再使用镜像命令完成绘制；也可以使用多段线命令绘制外轮廓，然后再绘制内部图形。

绘制时，图形的部分尺寸需要进行计算。部分标注不能直接使用默认值，而需要更改标注方向和文字内容。

任务目标

1. 知识目标

(1) 掌握多段线的绘制方法；

(2) 掌握图案填充的运用方法；

(3) 掌握线性标注和半径标注的方法。

2. 能力目标

(1) 能熟练、准确地绘制半剖面，建立良好的空间想象力，理解物体内部结构及其在空间中的相对位置，以及物体在不同视角下的外观；

(2) 能使用多段线命令绘制图形轮廓，还能通过设置不同的宽度绘制渐变线和箭头，区分其与直线加圆弧方式绘制图形的差别，提高绘图能力；

(3) 能够清晰、准确、完整地标注尺寸，有效传达图形的尺寸信息。

3. 素质目标

(1) 具备逻辑思维与形象思维，从不同的角度看待问题、分析问题；

(2) 培养勇于创新、爱岗敬业、精益求精的职业精神，不断改进和创新绘图技巧，提高绘图效率和学习效率；

(3) 培养遵守规范和标准、保护知识产权的意识，确保产品质量，提高生产效率。

学习笔记

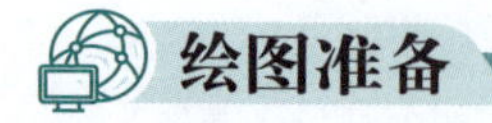

绘图准备

绘制本图形需要使用的命令：直线、圆角、镜像、多段线、图案填充、标注样式、线性标注、半径标注。

前述任务中已学过的命令：直线、圆角、镜像。

本任务需学习的命令：图案填充、标注样式、线性标注、半径标注、多段线。

一、图案填充命令

图案填充是指将各种图线进行不同排列组合所形成的图形元素，作为一个独立的整体被填充到各种封闭的图形区域内，可由点、线、面组成，包括渐变填充和图案填充。

1. 命令的启动

启动图案填充命令有以下方法：

（1）在“默认”选项卡的“绘图”面板中单击“填充”按钮，如图 3-2 所示。

（2）在菜单栏中选择“绘图”→“图案填充”命令，如图 3-3 所示。

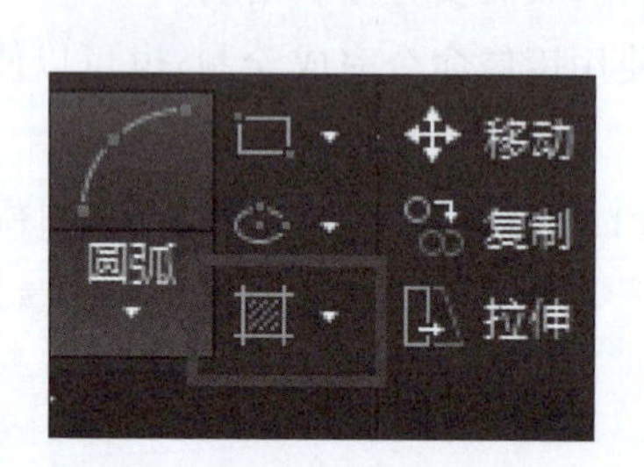

图 3-2　选项卡调用图案填充命令

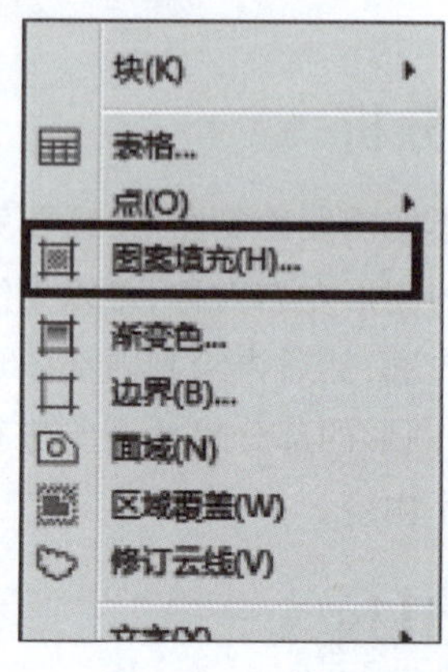

图 3-3　菜单调用图案填充命令

（3）在命令行中输入 H 并按【Enter】键。

2. 命令的使用

图案填充命令启动后，在功能区会出现“图案填充”面板，如图 3-4 所示。

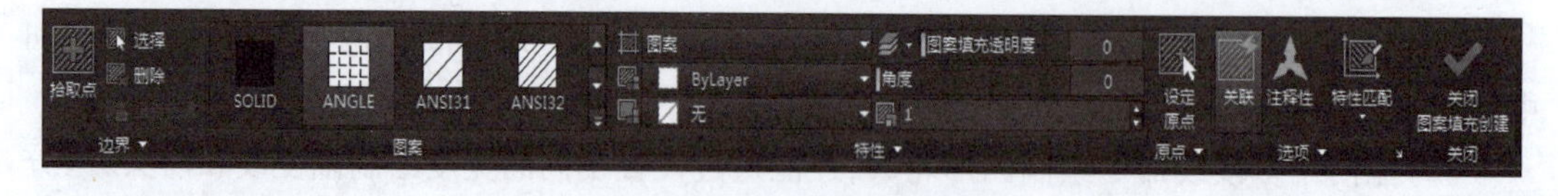

图 3-4　“图案填充”面板

同时命令行提示如下：

```
HATCH 拾取内部点或[选择对象(S)/放弃(U)/设置(T)]:
```

选择“设置(T)”选项，弹出“图案填充和渐变色”对话框，如图 3-5 所示，各选项的说明如下：

（1）添加：拾取点。通过选择由一个或多个对象形成的封闭区域中的点，确定图案填充边界。

学习笔记

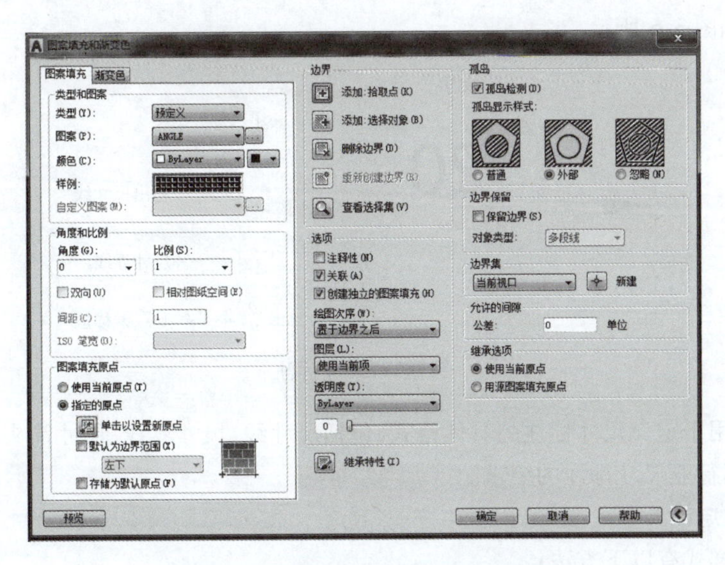

图 3-5　“图案填充和渐变色”对话框

(2)添加:选择对象。选择填充的边界对象(选择的对象须形成封闭区域)。

(3)删除边界。从选定的边界中删除之前添加的任何对象。

(4)图案填充类型。指定使用纯色、渐变色、图案或用户自定义的填充内容。

(5)图案填充颜色。设置随层、随块、索引颜色。

(6)颜色:指定图案填充的背景颜色。

(7)图案填充透明度。设定图案填充的透明度。

(8)角度。指定图案填充的角度。

(9)比例。比例大于 1 表示放大填充图案,小于 1 表示缩小填充图案。

(10)设定原点。控制填充图案的初始位置,可以选择填充边界的左下角、右下角、右上角、左上角或中心点作为图案的填充原点。

(11)关联。关联开启,使用编辑命令修改边界时,图案填充会随着边界的改变自动填充新边界;关联关闭,填充图案不随边界图形的改变而改变。

(12)注释性。随着布局视口比例的变化自动调整疏密度。

(13)继承特性。把一个图形图案填充的参数直接复制到另一个图形中。

(14)绘图次序。指图案填充的显示顺序。

(15)普通孤岛检测。从图案填充拾取点指定的区域开始向内自动填充孤岛。孤岛指位于总填充区域内的封闭区域。

(16)外部孤岛检测。仅图案填充拾取点所在区域最外部的图案。

(17)忽略孤岛检测。忽略任务内部对象,从拾取点位置向内填充。

(18)允许的间隙。填充的对象若为封闭图形,且原始图形不是封闭的,可以调节该选项的值,使图形强制封闭。

二、标注样式命令

尺寸标注是绘图的一个重要环节,由线、符号、箭头、文字等元素组合在一起,以表达物体

学习笔记

的尺寸信息，如图3-6所示。

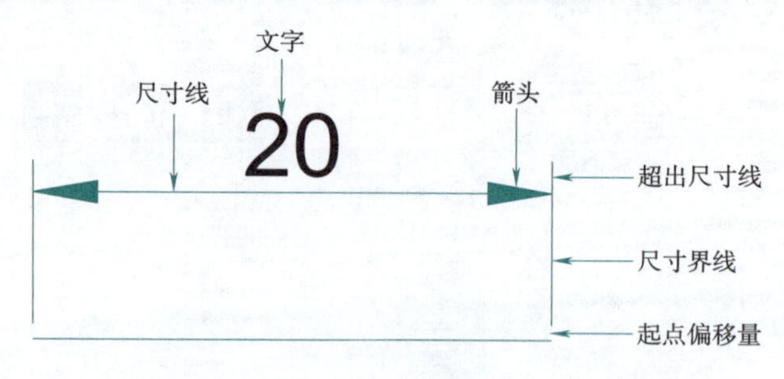

图3-6　尺寸标注

标注样式用于定义尺寸标注的具体格式，包括尺寸线、尺寸界线、尺寸箭头以及尺寸文字等，可满足不同行业尺寸标注的要求。

1. 命令的启动

启动标注样式有以下方法：

(1)在“默认”选项卡的“注释”面板中单击“注释”右侧的下拉按钮，然后在下拉列表中单击“标注样式”按钮，如图3-7所示。

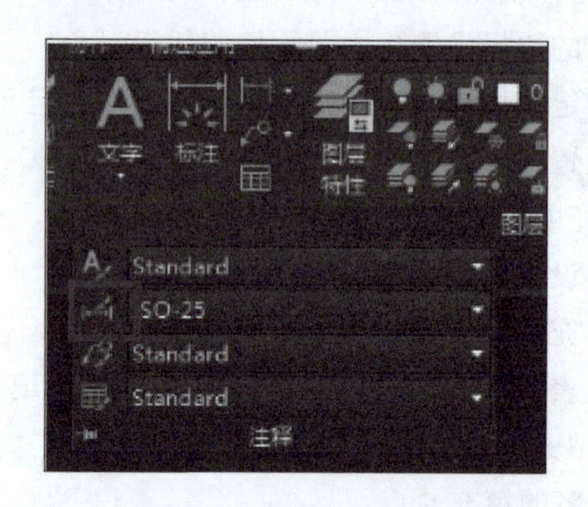

图3-7　默认选项卡调用标注样式

(2)在“注释”选项卡中单击“标注”按钮，如图3-8所示。

(3)在菜单栏中选择“格式”→“标注样式”命令，如图3-9所示。

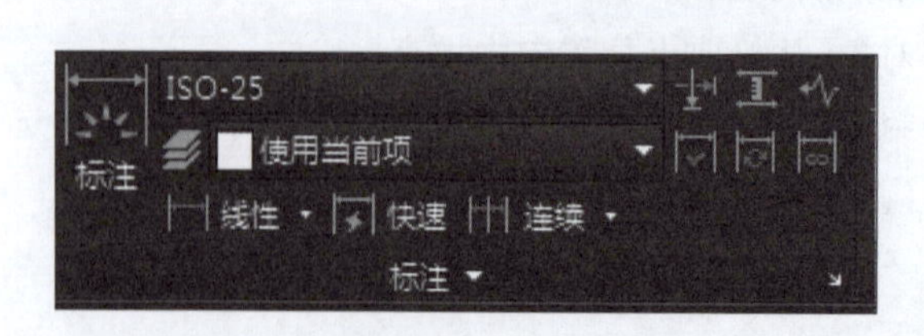

图3-8　注释选项卡调用标注样式

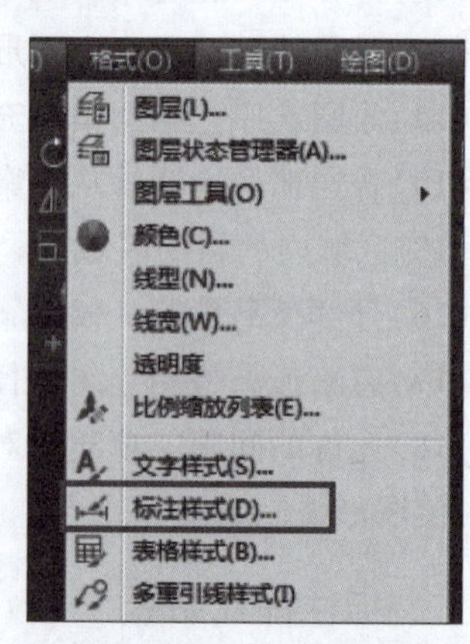

图3-9　菜单调用标注样式

(4)在命令行中输入 D 并按【Enter】键。

2. 命令的使用

标注样式命令启动后,弹出“标注样式管理器”对话框,如图 3-10 所示。

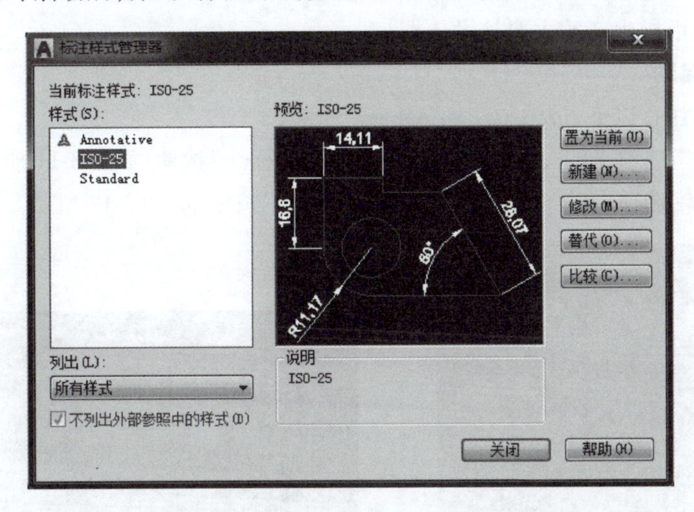

图 3-10　“标注样式管理器”对话框

“标注样式管理器”对话框中各按钮的说明如下:

(1)置为当前:将“样式”列表框中选定的标注样式设定为当前样式,下次标注时默认使用该标注样式。

(2)新建:新建一个标注样式。

(3)修改:修改“样式”列表框中选定的标注样式,修改完成后,使用该标注样式的尺寸将全部修改。

(4)替代:将“样式”列表框中选定的标注样式进行替代,替代只对后续的标注起作用,不对已标注的尺寸产生影响,替代样式有别于新建样式,可与原标注共享一个名称。

(5)比较:选择两个不同的标注样式进行比较,显示它们不相同的特性;如果选择相同标注样式进行比较,则列出该样式的所有特性。

设置新建、修改或替代后,将弹出“新建标注样式”“修改标注样式”“替代标注样式”对话框,在这些对话框中,可以设置线、符号、箭头、文字、调整、主单位、换算单位和公差,各选项卡的说明如下:

(1)“线”选项卡:设置尺寸线和尺寸界线,包括颜色、线型、线宽、超出尺寸线、起点偏移量、隐藏尺寸线、尺寸界线等选项。

(2)“符号和箭头”选项卡:设置箭头、圆心标记、弧长符号、折断标注、半径折弯标注、线性折弯标注。

(3)“文字”选项卡:设置文字外观、位置、对齐方式。

(4)“调整”选项卡:设置调整选项、文字位置、标注特征比例、优化。

(5)“主单位”选项卡:设置尺寸标注、角度标注、测量单位比例、单位格式、精度、消零。

(6)“换算单位”选项卡:设置换算单位、位置。

(7)“公差”选项卡:设置公差格式、对齐方式、换算单位公差。

学习笔记

三、线性标注命令

线性标注用于标注两点之间的水平尺寸或垂直尺寸,可确定图形的大小、形状和位置,是进行图形识读和指导生产的主要技术依据。

1. 命令的启动

启动线性标注有以下方法:

(1)在“默认”选项卡的“注释”面板中单击“线性标注”按钮,如图 3-11 所示。

(2)在“注释”选项卡的“标注”面板中单击“线性”按钮,如图 3-12 所示。

图 3-11　默认选项卡调用线性标注命令

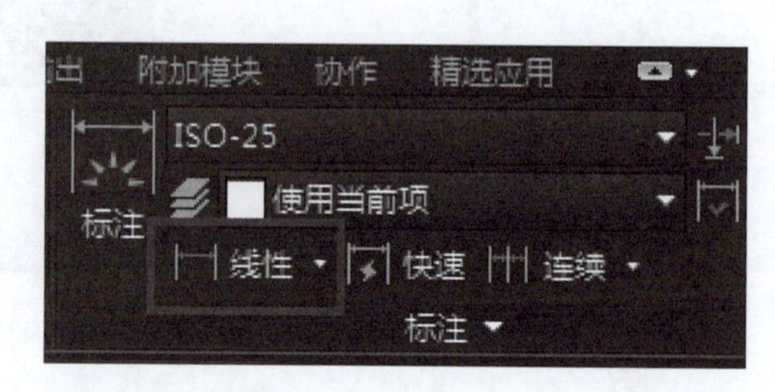

图 3-12　注释选项卡调用线性标注命令

(3)在菜单栏中选择“标注”→“线性”命令,如图 3-13 所示。

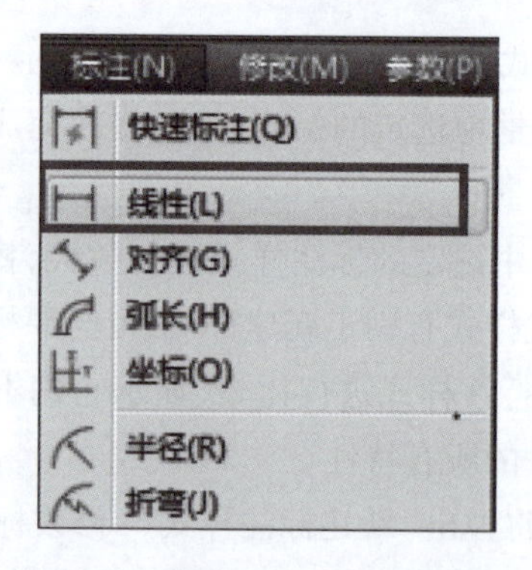

图 3-13　菜单调用线性标注命令

(4)在命令行中输入 DLI 并按【Enter】键。

2. 命令的使用

线性标注命令启动后,命令行提示如下:

指定第一个尺寸界线原点或 <选择对象>:　　//如果捕捉第一个尺寸界线,将提示指定第二条尺寸界线原点;如果按【Enter】键,表示选择“选择对象”,将提示选择标注对象

指定尺寸线位置或[多行文字(M)/文字(T)/角度(A)/水平(H)/垂直(V)/旋转(R)]:

(1)指定尺寸线位置:指定尺寸线所处位置。

(2)多行文字(M):弹出多行文字编辑器,可以修改标注内容、字体、字号。

(3)文字(T):输入标注的文字。

学习笔记

(4)角度(A):指定标注文字的角度。

(5)水平(H):创建水平线性标注。

(6)垂直(V):创建垂直线性标注。

(7)旋转(R):创建旋转标注,指定尺寸线的角度。

四、半径标注命令

半径标注主要用于标注圆弧或圆的半径,半径标注以 R 开头。

1. 命令的启动

启动半径标注有以下方法:

(1)在“默认”选项卡的“注释”面板中单击“线性标注”右侧的下拉按钮,然后在下拉列表中单击“半径”按钮,如图 3-14 所示。

(2)在“注释”选项卡的“标注”面板中单击“线性标注”右侧的下拉按钮,然后在下拉列表中单击“半径”按钮,如图 3-15 所示。

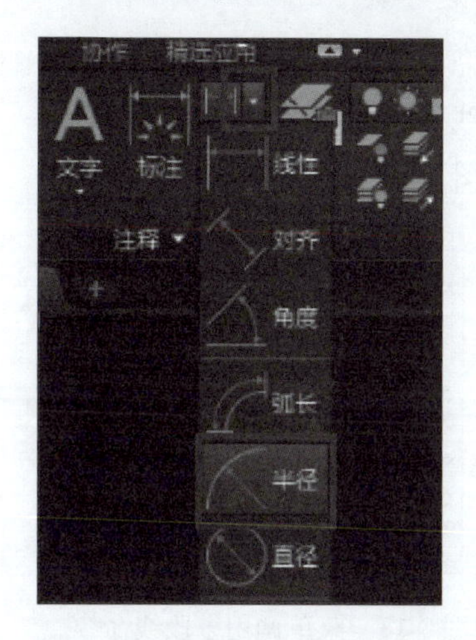

图 3-14　默认选项卡调用半径标注命令

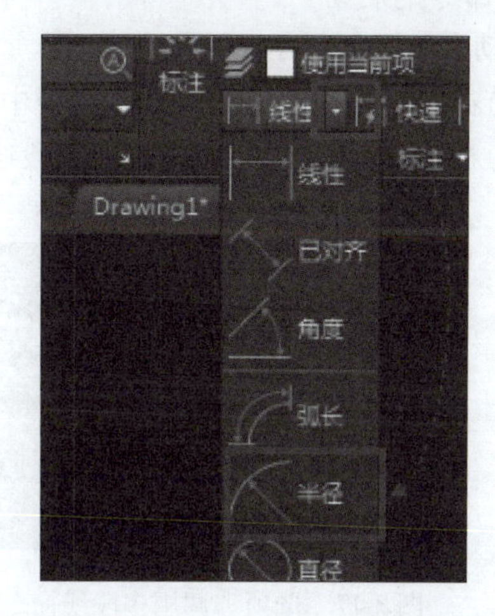

图 3-15　注释选项卡调用半径标注命令

(3)在菜单栏中选择“标注”→“半径”命令,如图 3-16 所示。

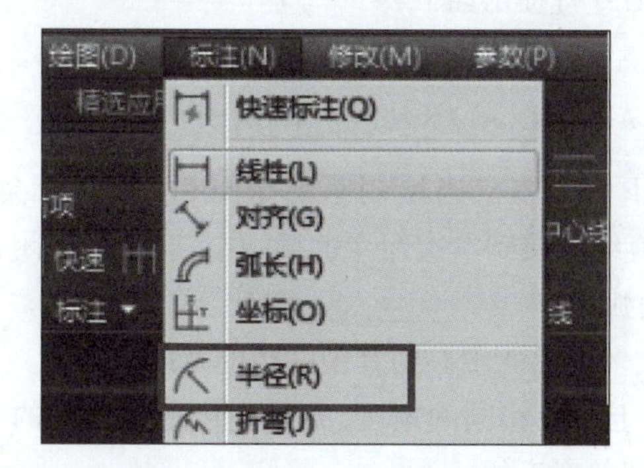

图 3-16　菜单调用半径标注命令

(4)在命令行中输入 DRA 并按【Enter】键。

学习笔记

2. 命令的使用

半径标注命令启动后，命令行提示如下：

```
选择圆弧或圆：                          //选择要标注的圆弧或圆
指定尺寸线位置或[多行文字(M)/文字(T)/角度(A)]：
```

(1)指定尺寸线位置：指定尺寸线所处位置。

(2)多行文字(M)：调出多行文字编辑器，可以修改标注内容、字体、字号。

(3)文字(T)：输入标注的文字。

(4)角度(A)：指定标注文字的角度。

五、多段线命令

二维多段线是作为单个平面对象创建的相互连接的线段序列，可以创建直线段、圆弧段或两者的组合线段。

1. 命令的启动

启动多段线命令有以下方法：

(1)在“默认”选项卡的“绘图”面板中单击“多段线”按钮，如图3-17所示。

(2)在菜单栏中选择“绘图”→“多段线”命令，如图3-18所示。

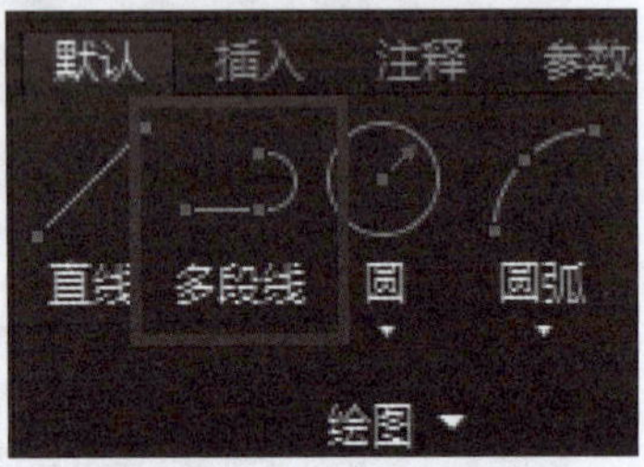

默认 插入 注释 参数
直线 多段线 圆 圆弧
绘图

图3-17 选项卡调用多段线命令

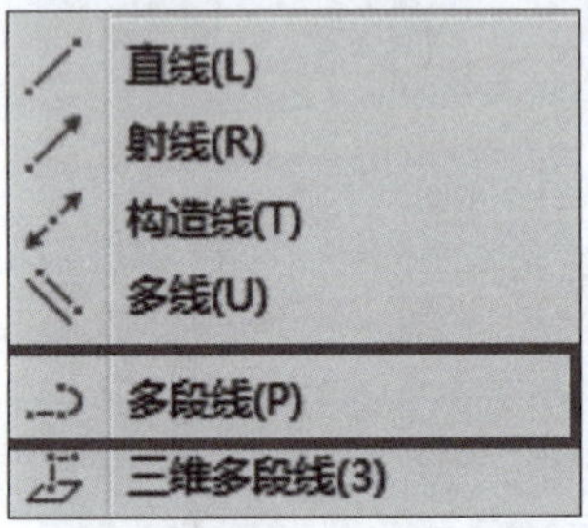

直线(L)
射线(R)
构造线(T)
多线(U)
多段线(P)
三维多段线(3)

图3-18 菜单调用多段线命令

2. 命令的使用

多段线命令启动后，命令行提示如下：

```
指定起点：                              //在绘图区指定起点；
指定下一个点或[圆弧(A)/半宽(H)/长度(L)/放弃(U)/宽度(W)]：
```

(1)下一个点：指定下一个点。当绘制第二个点后，命令行会增加一个新选项“闭合(C)”，选择该选项后，以直线连接到本次命令的第一个端点，创建闭合的多段线。

(2)圆弧(A)：绘制圆弧段。

(3)半宽(H)：指定从多段线的中心到其中一边的宽度。

(4)长度(L)：按照与上一段相同的角度、方向创建指定长度的线段，如果上一线段是圆弧，将创建与该圆弧段相切的新直线。

(5)放弃(U)：撤销上一步操作，而不退出命令。

(6)宽度(W)：指定下一个线段的起点宽度和端点宽度。

选择“圆弧(A)”选项后，命令行提示如下：

学习笔记

指定圆弧的端点或[角度(A)/圆心(CE)/闭合(CL)/方向(D)/半宽(H)/直线(L)/半径(R)/第二个点(S)/放弃(U)/宽度(W)]:

(1)角度(A):通过指定圆弧段从起点开始的包含角绘制圆弧。

(2)圆心(CE):通过指定圆弧的圆心绘制圆弧。

(3)闭合(CL):以圆弧连接本次命令的第一个端点,创建闭合的多段线。

(4)方向(D):通过指定圆弧的切线绘制圆弧段。

(5)半宽(H):指定从多段线的中心到其中一边的宽度。

(6)直线(L):从绘制圆弧方式切换到绘制直线方式。

(7)半径(R):通过指定圆弧的半径绘制圆弧。

(8)第二个点(S):通过指定圆弧上的第二点和端点绘制圆弧。

(9)放弃(U):删除上一步的操作,而不退出命令。

(10)宽度(W):指定下一个线段的起点宽度和端点宽度。

实操贴士

可以这样绘

视频

项目三任务一 可以这样绘

(1)单击“图层”面板中的“图层特性”按钮,新建图层,设置如下:

轮廓线:颜色设置为白色,线型设置为 Continuous。

虚线:颜色设置为青色,线型设置为 ACAD_ISO02W100。

中心线:颜色设置为红色,线型设置为 ACAD_ISO08W100。

标注:颜色设置为绿色,线型设置为 Continuous。

填充:颜色设置为蓝色,线型设置为 Continuous。

(2)选择图层“轮廓线”层,将其置为当前图层。

(3)选择多段线命令:

①在绘图区域任意位置单击以指定绘制起点(从图形的左下角开始绘制)。

②向右引出水平追踪线,输入 35 并按【Enter】键。

③向上引出垂直追踪线,输入 5 并按【Enter】键。

④向右引出水平追踪线,输入 20 并按【Enter】键。

⑤向下引出垂直追踪线,输入 5 并按【Enter】键。

⑥向右引出水平追踪线,输入 35 并按【Enter】键。

⑦向上引出垂直追踪线,输入 25 并按【Enter】键。

⑧向左引出水平追踪线,输入 30 并按【Enter】键。

⑨向上引出垂直追踪线,输入 8 并按【Enter】键。

⑩向左引出水平追踪线,输入 10 并按【Enter】键。

⑪向下引出垂直追踪线,输入 10 并按【Enter】键。

⑫在命令行选择“圆弧(A)”选项,提示“指定圆弧的端点:”时,向右引出水平追踪线,输入 10 并按【Enter】键。

⑬在命令行选择“直线(L)”选项,提示“指定下一点:”时,向上引出垂直追踪线,输入 10 并按【Enter】键。

学习笔记

⑭向左引出水平追踪线,输入10并按【Enter】键。

⑮向下引出垂直追踪线,输入8并按【Enter】键。

⑯向左引出水平追踪线,输入30并按【Enter】键。

⑰输入C并按【Enter】键(如果命令在此前绘制中中断过,此处使用对象捕捉功能捕捉到左下角的端点后并按【Enter】键)。

(4)选择直线命令:

①将光标放在左上角端点(注意不是单击),然后向右移动鼠标引出水平追踪线,输入7并按【Enter】键。

②向下引出垂直追踪线,输入10并按【Enter】键。

③向左引出水平追踪线,输入16并按【Enter】键。

④向上引出垂直追踪线,输入10并按【Enter】键。

(5)选择直线命令或按【Enter】键(按【Enter】键表示重复上一个命令):

①将光标放在左下角端点,然后向右移动鼠标引出水平追踪线,输入11并按【Enter】键。

②向上引出垂直追踪线,输入15并按【Enter】键(或捕捉与上端直线的交点)。

(6)选择直线命令或按【Enter】键:

①将光标放在步骤(5)所绘直线的下端点,然后向右移动鼠标引出水平追踪线,输入8并按【Enter】键。

②向上引出垂直追踪线,输入15并按【Enter】键(或捕捉与上端直线的交点)。

(7)选择图层"中心线"层,将其置为当前图层。

(8)选择直线命令:

①将光标放在步骤(4)所绘水平直线的中点,然后向上引出垂直追踪线,捕捉适当位置。

②向下引出垂直追踪线,捕捉适当位置,完成中心线的绘制。

(9)选择直线命令或按【Enter】键:

①将光标放在步骤(3)所绘圆弧中点,然后向上引出垂直追踪线,捕捉适当位置。

②向下引出垂直追踪线,捕捉适当位置,完成中心线绘制。

(10)选择镜像命令,镜像对象选择步骤(4)、(5)、(6)、(8)所绘直线,镜像线为步骤(9)所绘直线。

(11)选择镜像生成的对象(中心线除外),选择图层"虚线"层,然后按【Esc】键退出编辑。

(12)选择图层"标注"层,将其置为当前图层。

(13)选择线性标注、半径标注命令,完成标注。

还可以这样绘

视频

项目三任务一
还可以这样绘

(1)设置图层同上。

(2)选择图层"轮廓线"层,将其置为当前图层。

(3)选择直线命令:

①在绘图区域任意位置单击以指定绘制起点(从图形的中间点下端开始绘制)。

②输入"-10,0"并按【Enter】键。

③输入"0,-5"并按【Enter】键。

④输入"-35,0"并按【Enter】键。

学习笔记

⑤输入“0,25”并按【Enter】键。

⑥输入“30,0”并按【Enter】键。

⑦输入“0,8”并按【Enter】键。

⑧输入“10,0”并按【Enter】键。

⑨输入“0, -10”并按【Enter】键。

(4)选择直线命令或按【Enter】键:

①将光标放在左上角端点,然后向右移动鼠标引出水平追踪线,输入7并按【Enter】键。

②输入“0, -10”并按【Enter】键。

③输入“16,0”并按【Enter】键。

④输入“0,10”并按【Enter】键。

(5)选择直线命令或按【Enter】键:

①将光标放在左下角端点,然后向右移动鼠标引出水平追踪线,输入11并按【Enter】键。

②输入“0,15”并按【Enter】键(或捕捉与上端直线的交点)。

(6)选择直线命令或按【Enter】键:

①光标放在步骤(5)所绘直线的下端点,然后向右移动鼠标引出水平追踪线,输入8并按【Enter】键。

②输入“0,15”并按【Enter】键(或捕捉与上端直线的交点)。

(7)选择图层“中心线”层,将其置为当前图层。

(8)选择直线命令:

①将光标放在步骤(4)所绘水平直线的中点,然后向上引出垂直追踪线,捕捉适当位置。

②向下引出垂直追踪线,捕捉适当位置,完成中心线绘制。

(9)选择直线命令或按【Enter】键:

①将光标放在右下角端点,然后向下引出垂直追踪线,捕捉适当位置。

②向上引出垂直追踪线,捕捉适当位置,完成中心线绘制。

(10)选择镜像命令,镜像对象选择除步骤(9)所绘中心线以外的直线,镜像线为步骤(9)所绘直线。

(11)选择步骤(4)、(5)、(6)镜像生成的对象,选择图层“虚线”层,然后按【Esc】键退出编辑。

(12)选择圆角命令,半径设置为5,圆角对象为步骤(9)所绘中心线旁的2条垂直线。

(13)选择图层“标注”层,将其置为当前图层。

(14)选择线性标注、半径标注命令,完成标注。

你还可以怎么绘?

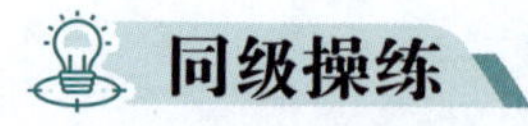

学习笔记

同级操练

利用本任务所学的绘图命令，完成题图 3-1、题图 3-2 所示图形的绘制，并标注尺寸。

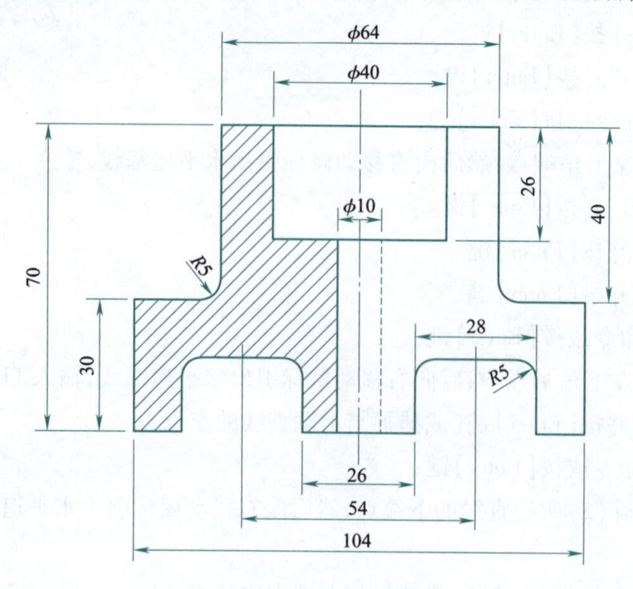

题图 3-1 绘制图形①

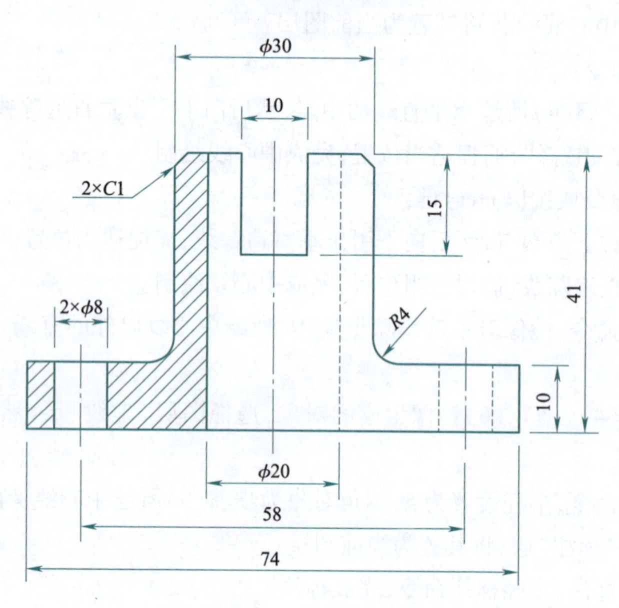

题图 3-2 绘制图形②

任务二 复杂二维图形绘中思

本任务通过绘制图 3-19 所示复杂二维图形，使学生学会掌握各图元间的比例，不能因某一图元过大或过小导致影响整个图纸的观感，同时还要注意绘图中的每一个细节。

学习笔记

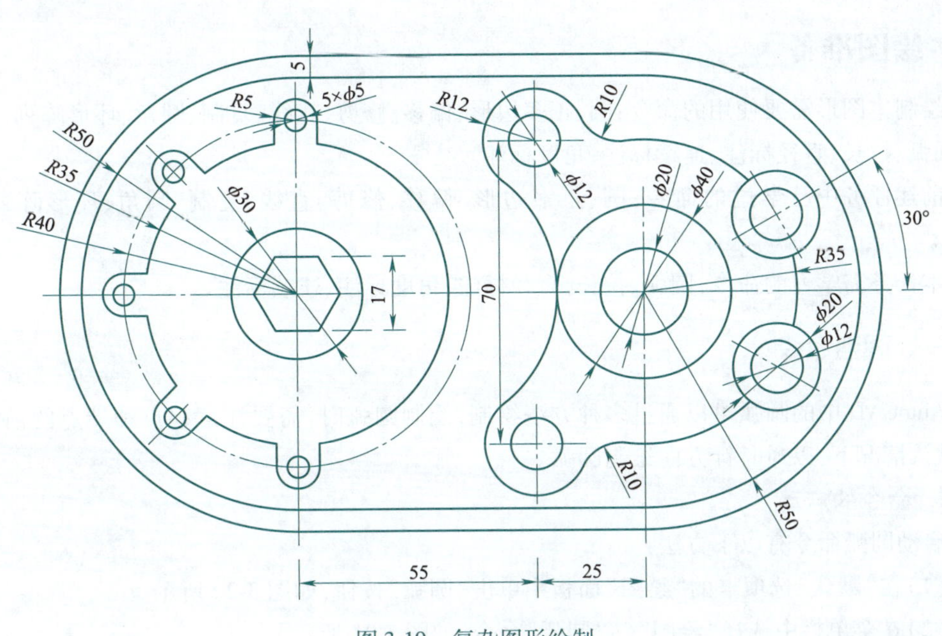

图 3-19　复杂图形绘制

任务分析

本任务中图形的外围由 2 个半圆连接直线构成，绘制时可以采用圆弧加直线的方式绘制，也可采用多段线绘制。

左侧内部图形的圆与外围圆弧同圆心，同时右侧内部图形直径为 20、40，半径 35 的圆与外围圆弧同圆心。与 x 轴夹角为 30°的直线和半径 35 的圆弧的交点是直径 12、20 圆的圆心。

任务目标

1. 知识目标

(1) 掌握圆弧的多种绘制方法；

(2) 掌握拉长命令的使用方法；

(3) 掌握直径、角度的标注方法。

2. 能力目标

(1) 能够更好地绘制圆弧，通过学习圆弧的绘制技巧、积累实践经验，提高设计和绘图的效率和准确性；

(2) 能够清晰、准确、完整地标注尺寸，有效传达图形的尺寸信息；

(3) 能够合理使用已学的绘制命令、工具、辅助功能，分时分步且有序地绘制复杂二维图形，不断练习并积累经验，提高绘图水平和识图能力。

3. 素质目标

(1) 具备严谨、专注、追求卓越的敬业精神和良好的职业道德；

(2) 培养遵守绘图标准、规范和保护知识产权的意识，确保产品质量，提高生产效率，树立安全意识；

(3) 具备有效管理情绪和压力的能力，保持积极的学习态度，灵活、耐心地解决问题。

学习笔记

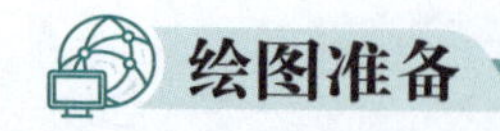

绘图准备

绘制本图形需要使用的命令：圆、正多边形、偏移、修剪、直线、复制、圆角、环形阵列、多段线、圆弧、拉长、直径标注、连续标注、角度标注。

前述任务中已学过的命令：圆、正多边形、偏移、修剪、直线、复制、圆角、环形阵列、多段线。

本任务需学习的命令：圆弧、拉长、直径标注、角度标注、连续标注。

一、圆弧命令

AutoCAD 中的圆弧可以通过多种方法绘制，绘制圆弧时，需要注意起点和端点的前后顺序，默认情况下，以逆时针方向绘制圆弧。

1. 命令的启动

启动圆弧命令有以下方法：

（1）在“默认”选项卡的“绘图”面板中单击“圆弧”按钮，如图 3-20 所示。

（2）在菜单栏中选择“绘图”→“圆弧”命令，如图 3-21 所示。

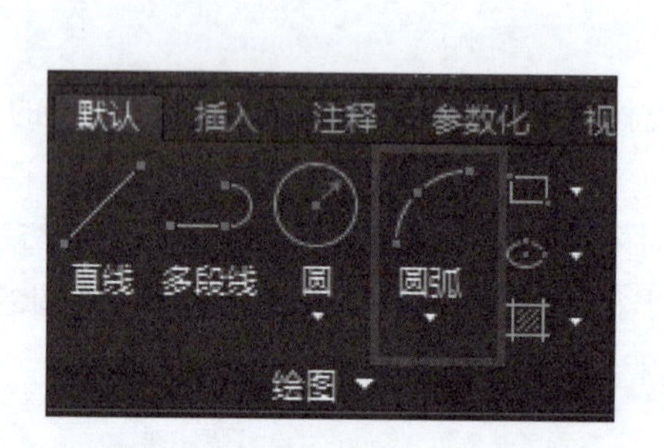

图 3-20　选项卡调用圆弧命令

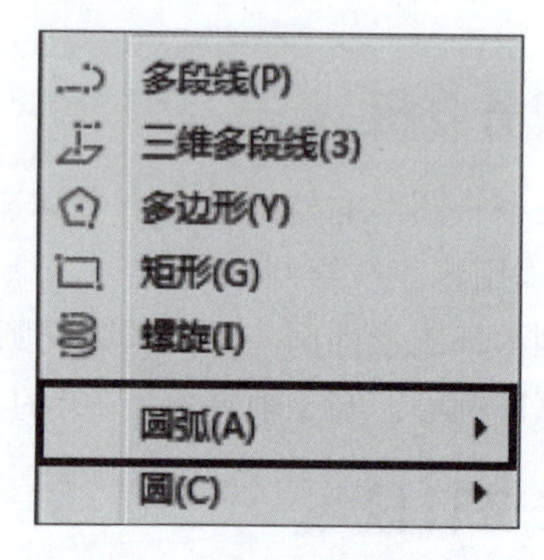

图 3-21　菜单调用圆弧命令

（3）在命令行中输入 ARC 并按【Enter】键。

2. 命令的使用

圆弧命令启动后，命令行提示如下：

```
指定圆弧的起点或[圆心(C)]://可以选择指定圆弧起点或指定圆心;注意圆弧按逆时针方向绘制
指定圆弧的第二个点或[圆心(C)/端点(E)]： //可以选择指定圆弧的第二个点、圆心或端点
指定圆弧的端点：
```

AutoCAD 中提供了 11 种绘制圆弧的方法，具体含义如下：

（1）三点(P)：通过指定圆弧上的三点绘制圆弧，需指定圆弧的起点、通过的第二点和端点。

（2）起点、圆心、端点(S)：通过指定圆弧的起点、圆心、端点绘制圆弧。

（3）起点、圆心、角度(T)：通过指定圆弧的起点、圆心、包含角度绘制圆弧。

（4）起点、圆心、长度(A)：通过指定圆弧的起点、圆心、弧长绘制圆弧。

（5）起点、端点、角度(N)：通过指定圆弧的起点、端点、包含角度绘制圆弧。

(6)起点、端点、方向(D):通过指定圆弧的起点、端点、圆弧的起点切向绘制圆弧。
(7)起点、端点、半径(R):通过指定圆弧的起点、端点、圆弧半径绘制圆弧。
(8)圆心、起点、端点(C):通过指定圆弧的圆心、起点、端点绘制圆弧。
(9)圆心、起点、角度(E):通过指定圆弧的圆心、起点、角度绘制圆弧。
(10)圆心、起点、长度(L):通过指定圆弧的圆心、起点、弧长绘制圆弧。
(11)继续(O):创建圆弧使其与上一次绘制的直线或圆弧相切。

二、拉长命令

拉长指只改变对象的总长度或总角度,而不改变其轨迹或形状。

1. 命令的启动

启动拉长命令有以下方法:

(1)在“默认”选项卡的“修改”面板中单击“修改”按钮右侧的下拉按钮,在下拉列表中选择“拉长”命令,如图3-22所示。

(2)在菜单栏中选择“修改”→“拉长”命令,如图3-23所示。

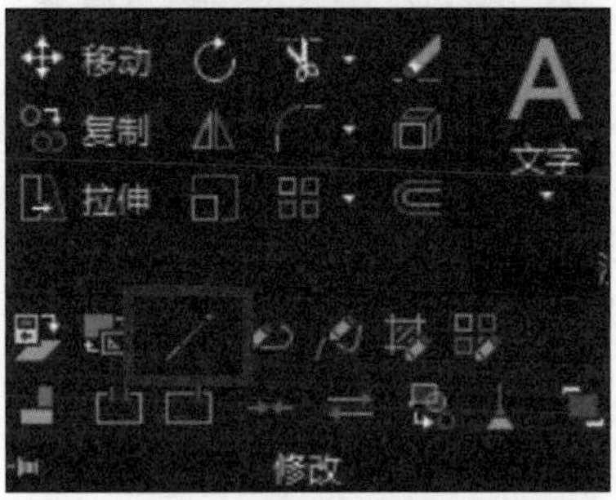

图3-22　选项卡调用拉长命令

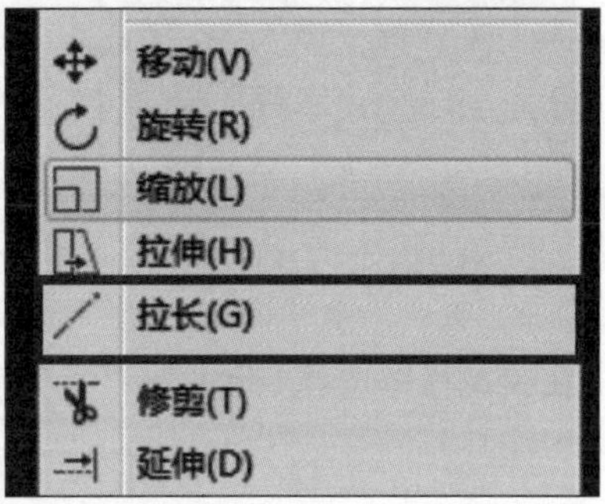

图3-23　菜单调用拉长命令

(3)在命令行中输入LEN并按【Enter】键。

2. 命令的使用

拉长命令启动后,命令行提示如下:

选择要测量的对象或[增量(DE)/百分比(P)/总计(T)/动态(DY)]<动态DY>:

(1)选择要测量的对象:选择要测量的对象将显示对象长度,如果选择圆弧还将显示夹角。

(2)增量(DE):将对象延长一个固定的长度。增量为正值时拉长对象,为负值时缩短对象。

(3)百分比(P):按百分比修改对象的长度,百分比的数值以原长度为参照。

(4)总计(T):指定修改对象拉长后的总长度,将修改对象从选择点最近的端点拉长到指定值。

(5)动态(DY):拖动修改对象的一个端点改变对象的长度。

三、直径标注命令

直径标注主要用于标注圆弧或圆的直径,直径标注以符号“ϕ”开头。

学习笔记

1. 命令的启动

启动直径标注命令有以下方法：

(1)在“默认”选项卡的“注释”面板中单击“线性”按钮右侧的下拉按钮，然后在下拉列表中单击“直径”按钮，如图 3-24 所示。

(2)在“注释”选项卡的“标注”面板中单击“线性”按钮右侧的下拉按钮，然后在下拉列表中单击“直径”按钮，如图 3-25 所示。

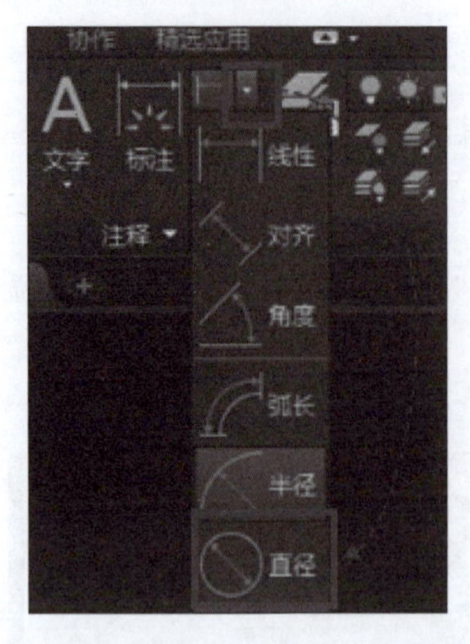

图 3-24　默认选项卡调用直径标注命令

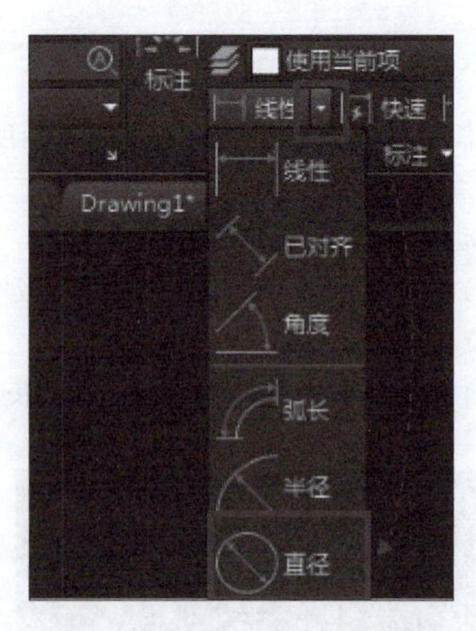

图 3-25　注释选项卡调用直径标注命令

(3)在菜单栏中选择“标注”→“直径”命令，如图 3-26 所示。

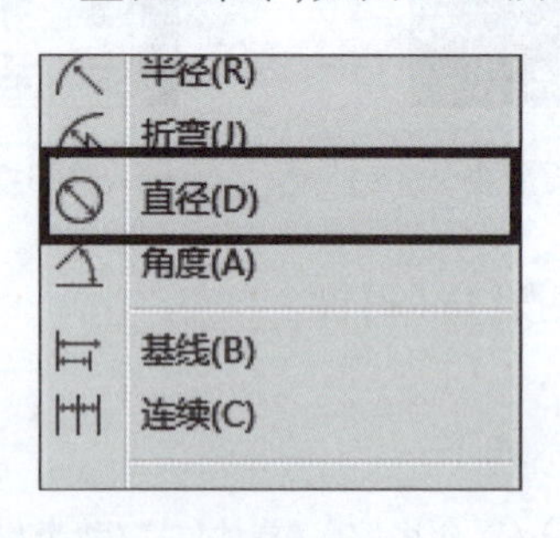

图 3-26　菜单调用直径标注命令

(4)在命令行中输入 DDI 并按【Enter】键。

2. 命令的使用

直径标注命令启动后，命令行提示如下：

```
选择圆弧或圆：                    //选择标注的圆弧或圆
指定尺寸线位置或[多行文字(M)/文字(T)/角度(A)]：
```

(1)指定尺寸线位置：指定尺寸线所处位置。

(2)多行文字(M)：弹出多行文字编辑器，可以修改标注内容、字体、字号。

(3)文字(T)：输入标注的文字。

(4)角度(A)：指定标注文字的角度。

学习笔记

四、角度标注命令

角度标注主要用于标注选定对象或三个点之间的角度,可以选择的对象包括圆弧、圆和直线等。

1. 命令的启动

启动角度标注命令有以下方法:

(1)在"默认"选项卡的"注释"面板中单击"线性"按钮右侧的下拉按钮,然后在下拉列表中选择"角度"命令,如图3-27所示。

(2)在"注释"选项卡的"标注"面板中单击"线性"按钮右侧的下拉按钮,然后在下拉列表中单击"角度"按钮,如图3-28所示。

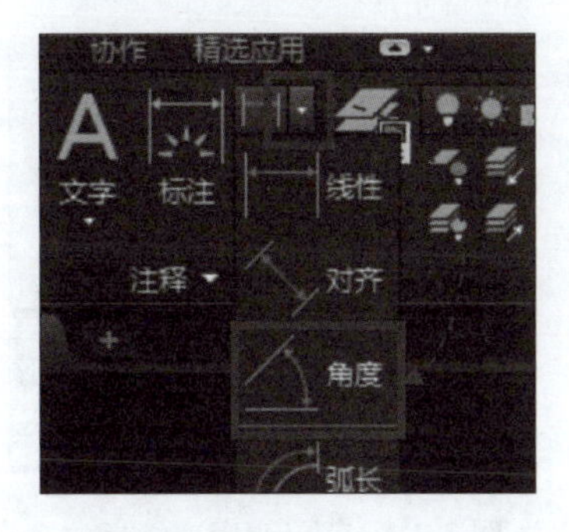

图3-27　默认选项卡调用角度标注命令

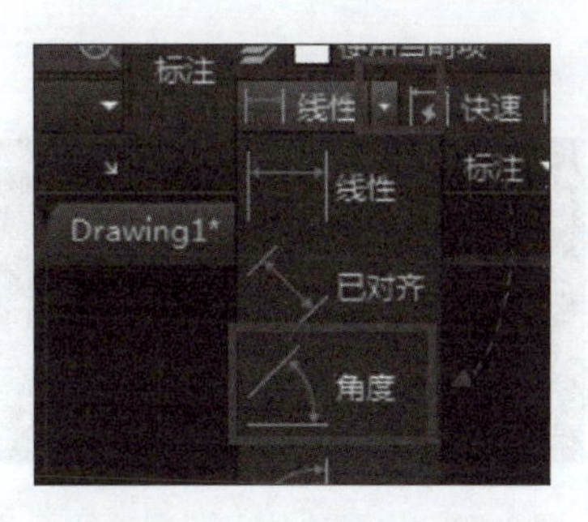

图3-28　注释选项卡调用角度标注命令

(3)在菜单栏中选择"标注"→"角度"命令,如图3-29所示。

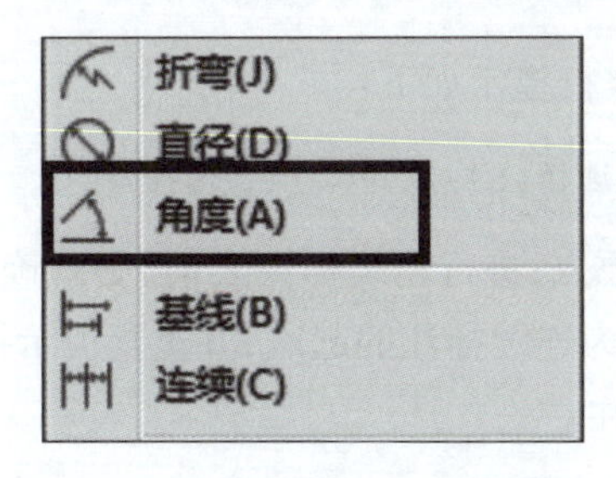

图3-29　菜单调用角度标注命令

(4)在命令行中输入DAN并按【Enter】键。

2. 命令的使用

角度标注命令启动后,命令行提示如下:

选择圆弧、圆、直线或 <指定顶点>:　//选择要标注的圆弧、圆、直线;也可以选择"指定顶点",指定角的顶点、第一个端点和第二个端点
指定标注弧线位置或[多行文字(M)/文字(T)/角度(A)/象限点(Q)]:

(1)指定标注弧线位置:指定标注弧线所处的位置。

(2)多行文字(M):弹出多行文字编辑器,可以修改标注内容、字体、字号。

(3)文字(T):输入标注的文字。

(4)角度(A):指定标注文字的角度。

学习笔记

（5）象限点（Q）：选定象限点后，移动鼠标时，标注文字会随之移动，需要单击以确定标注文字的位置。

五、连续标注命令

连续标注是首尾相连的多个标注，在创建连续标注之前，必须首先创建线性或角度标注。在默认情况下，连续标注是从上一次创建标注开始。

1. 命令的启动

启动连续标注命令有以下方法：

（1）在“注释”选项卡的“标注”面板中单击“连续”按钮，如图3-30所示。

（2）在菜单栏中选择“标注”→“连续”命令，如图3-31所示。

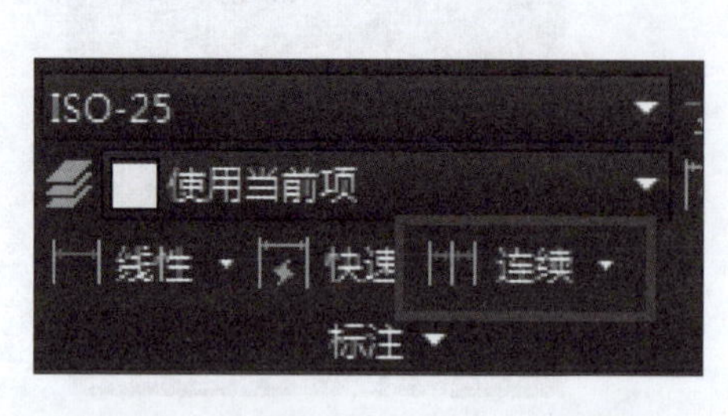

图3-30　注释选项卡调用连续标注命令

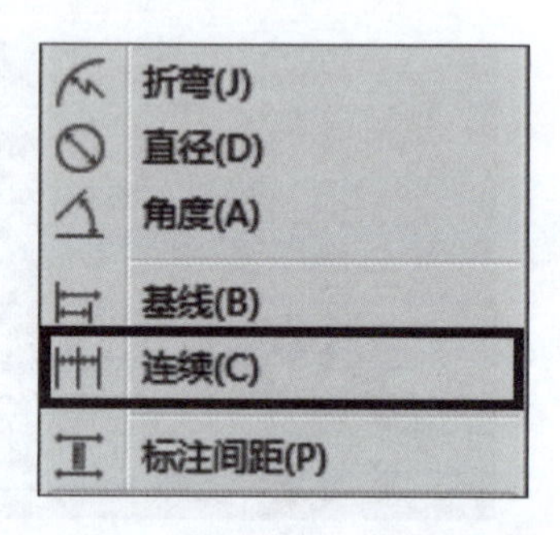

图3-31　菜单调用连续标注命令

（3）在命令行中输入DCO并按【Enter】键。

2. 命令的使用

连续标注命令启动后，命令行提示如下：

指定第二个尺寸界线原点或[选择(S)/放弃(U)]＜选择＞：

（1）指定第二个尺寸界线原点：进行连续标注之前，必须确定一个尺寸界线起点，标注时默认将上一个尺寸界线终点作为连续标注的起点，并重复提示指定第二个尺寸界线原点。

（2）选择（S）：选择连续标注。

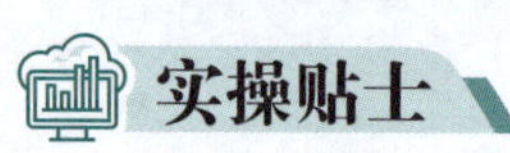

可以这样绘

（1）单击“图层”面板中的“图层特性”按钮，新建图层，设置如下：

轮廓线：颜色设置为白色，线型设置为Continuous。

中心线：颜色设置为红色，线型设置为ACAD_ISO08W100。

标注：颜色设置为绿色，线型设置为Continuous。

（2）选择图层“轮廓线”层，将其置为当前图层。

（3）选择圆命令，在绘图区域任意位置单击以指定圆心，输入半径15，完成左边$\phi30$圆的绘制。

（4）选择多边形命令，输入侧面数6并按【Enter】键，捕捉圆心作为正多边形的中心点，然后选择“外切于圆”选项，最后输入圆半径8.5并按【Enter】键，完成正六边形的绘制。

视频

项目三任务二
可以这样绘

学习笔记

(5)选择圆命令,与步骤(3)所绘圆同圆心,输入半径 35 并按【Enter】键。

(6)切换图层为“中心线”层;选择圆命令或按【Enter】键,选择圆心,输入半径 40 并按【Enter】键。

(7)切换图层为“轮廓线”层;选择圆命令或按【Enter】键,圆心为步骤(6)所绘圆的上方象限点,输入圆半径 2.5 并按【Enter】键。

(8)选择圆命令或按【Enter】键,与步骤(7)所绘圆同圆心,输入半径 5 并按【Enter】键。

(9)选择直线命令,捕捉步骤(8)所绘圆的左侧象限点,向下引出垂直追踪线,捕捉与下端圆的交点。

(10)选择直线命令,捕捉步骤(8)所绘圆的右侧象限点,向下引出垂直追踪线,捕捉与下端圆的交点。

(11)选择剪切命令,修剪边为步骤(9)、(10)所绘直线,修剪半径 5 的圆。

(12)切换图层为“中心线”层,绘制步骤(8)所绘圆的中心线。

(13)选择环形阵列命令,阵列对象为步骤(7)、(8)、(9)、(10)、(12)所绘对象,项目数为 5,填充角度为 180°。

(14)选择剪切命令,修剪边为阵列后的直线,修剪半径 35 的圆。

(15)切换图层为“轮廓线”层;选择圆命令,将光标放在步骤(3)所绘圆的圆心上,向右引出水平追踪线,输入 80 并按【Enter】键(指定圆心),输入半径并 10 并按【Enter】键。

(16)选择圆命令或按【Enter】键,与步骤(15)所绘圆同圆心,输入半径 20 并按【Enter】键。

(17)选择圆命令或按【Enter】键,与步骤(16)所绘圆同圆心,输入半径 35 并按【Enter】键。

(18)切换图层为“中心线”层;选择直线命令,捕捉步骤(17)所绘圆的圆心,输入“48 < 30”并按【Enter】键(极坐标)。

(19)切换图层为“轮廓线”层,选择圆命令,圆心为步骤(18)所绘直线和步骤(17)所绘圆的交点,输入半径 6 并按【Enter】键。

(20)选择圆命令或按【Enter】键,与步骤(19)所绘圆同圆心,输入半径 10 并按【Enter】键。

(21)选择拉长命令,选择动态选项,调整步骤(18)所绘直线的长度。

(22)选择镜像命令,对象选择步骤(18)、(19)、(20)所绘的对象,镜像线为过半径 35 圆圆心的水平直线。

(23)选择修剪命令,修剪边为镜像完成后的 2 个直径 20 的圆,修剪对象为半径 35 的圆。

(24)选择直线命令,捕捉步骤(17)所绘圆的圆心,完成捕捉后,无须输入下一个点直接按【Enter】键(表示将圆心设置为下一命令的参照点;此处也可以输入“ -25,35”,绘制出即将绘制圆的圆心)。

(25)选择圆命令,提示指定圆心时输入“@ -25,35”(注意此处必须输入“@”符号;如果上一步骤绘制了“ -25,35”直线,那么圆心捕捉直线的左上端点即可,完成绘制后需删除直线),然后输入半径 6 并按【Enter】键。

(26)选择圆命令或按【Enter】键,与步骤(25)所绘圆同圆心,输入半径 12 并按【Enter】键。

(27)切换图层为“中心线”层;绘制步骤(26)所绘圆水平和垂直方向的中心线。

(28)选择复制命令,选择步骤(25)、(26)、(27)所绘对象,基点选择圆心,向下引出垂直追踪线,输入 70 并按【Enter】键。

学习笔记

(29)切换图层为“轮廓线”层,选择圆命令的“相切、相切、相切”选项,切点分别为步骤(16)、(26)和(26)的复制对象。

(30)选择修剪命令,完成对步骤(29)所绘圆的修剪。

(31)选择圆角命令,圆角半径10,完成步骤(26)所绘圆、步骤(26)的复制对象与步骤(17)所绘圆的圆角。

(32)选择修剪命令,修剪边为步骤(31)圆角对象和步骤(30)修剪后的圆弧,修剪两个半径12圆、半径35圆。

(33)选择圆弧命令的“起点、圆心、端点”选项,提示“指定圆弧起点:”时,将光标放在步骤(3)所绘圆的圆心上,向上引出垂直追踪线,输入50并按【Enter】键;圆心为步骤(3)圆的圆心,圆弧端点只需向下引出垂直追踪线,然后在追踪线上任意位置单击即可。

(34)再次选择圆弧命令的“起点、圆心、端点”选项,提示“指定圆弧起点:”时,将光标放在步骤(15)所绘圆的圆心上,向下引出垂直追踪线,输入50并按【Enter】键;圆心为步骤(15)所绘圆的圆心,圆弧端点只需向上引出垂直追踪线,然后在追踪线上任意位置单击即可。

(35)选择直线命令,分别绘制步骤(33)、(34)所绘圆弧的水平连接线。

(36)选择偏移命令,偏移距离为5,偏移对象为步骤(33)、(34)、(35)所绘对象,偏移方向为外侧。

(37)切换图层为“中心线”层;补充完整图形的中心线。

(38)切换图层为“标注”层;完成图形的标注。

还可以这样绘

(1)设置图层同上。

(2)选择图层“轮廓线”层,将其置为当前图层。

(3)选择多段线命令:

①在绘图区域任意位置单击以指定绘制起点(从图形的左下角开始绘制)。

②向右引出水平追踪线,输入80并按【Enter】键。

③在命令行选择“圆弧(A)”选项,然后向上引出垂直追踪线,输入100并按【Enter】键。

④在命令行选择“直线(L)”选项,然后向左引出水平追踪线,输入80并按【Enter】键。

⑤在命令行选择“圆弧(A)”选项,然后再继续选择“闭合(CL)”选项。

视频

项目三任务二
还可以这样绘

(4)选择偏移命令,偏移距离为5,偏移对象为多段线,偏移方向为外侧。

(5)选择圆命令,圆心为多段线左侧圆弧的圆心,输入半径15。

(6)选择多边形命令,输入侧面数6并按【Enter】键,捕捉圆心作为正多边形的中心点,然后选择“外切于圆”选项,最后输入圆半径8.5并按【Enter】键,完成正六边形的绘制。

(7)选择圆命令,与步骤(5)所绘圆同圆心,输入半径35并按【Enter】键。

(8)切换图层为“中心线”层;选择圆命令或按【Enter】键,与步骤(7)所绘圆同圆心,输入半径40并按【Enter】键。

(9)切换图层为“轮廓线”层;选择圆命令或按【Enter】键,圆心为上一步骤所绘圆的上方象限点,输入圆半径2.5并按【Enter】键。

(10)选择圆命令或按【Enter】键,与步骤(9)所绘圆同圆心,输入半径5并按【Enter】键。

(11)选择直线命令,捕捉步骤(10)所绘圆的左侧象限点,向下引出垂直追踪线,捕捉与下端圆的交点。

(12)选择直线命令,捕捉步骤(10)所绘圆的右侧象限点,向下引出垂直追踪线,捕捉与下端圆的交点。

(13)选择剪切命令,修剪边为步骤(11)、(12)所绘直线,修剪半径5的圆。

(14)切换图层为“中心线”层,绘制步骤(10)所绘圆的中心线。

(15)选择环形阵列命令,阵列对象为步骤(9)、(10)、(11)、(12)、(14)所绘对象,项目数为5,填充角度为180°。

(16)选择剪切命令,修剪边为阵列后的直线,修剪半径35的圆。

(17)切换图层为“轮廓线”层;圆心为多段线右侧圆弧的圆心,输入半径10并按【Enter】键。

(18)选择圆命令或按【Enter】键,与步骤(17)所绘圆同圆心,输入半径20并按【Enter】键。

(19)选择圆命令或按【Enter】键,与步骤(18)所绘圆同圆心,输入半径35并按【Enter】键。

(20)切换图层为“中心线”层;选择直线命令,捕捉步骤(19)所绘圆的圆心,输入“48 <30”并按【Enter】键。

(21)切换图层为“轮廓线”层,选择圆命令,圆心为步骤(20)所绘直线与步骤(16)所绘圆的交点,输入半径6并按【Enter】键。

(22)选择圆命令或按【Enter】键,与步骤(21)所绘圆同圆心,输入半径10并按【Enter】键。

(23)选择拉长命令,选择“动态”选项,调整步骤(20)所绘直线的长度。

(24)选择直线命令,捕捉步骤(19)所绘圆的圆心,完成捕捉后,无须输入下一个点直接按【Enter】键。

(25)选择圆命令,提示“指定圆心:”时输入“@ -25,35”(注意此处必须输入“@”符号);然后输入半径6并按【Enter】键。

(26)选择圆命令或按【Enter】键,与步骤(25)所绘圆同圆心,输入半径12并按【Enter】键。

(27)切换图层为“中心线”层;绘制步骤(26)所绘圆水平和垂直方向的中心线。

(28)选择镜像命令,对象选择步骤(20)、(21)、(22)、(25)、(26)、(27)所绘的对象,镜像线为过多段线圆心的水平直线。

(29)切换图层为“轮廓线”层,选择圆命令的“相切、相切、相切”选项,切点分别为步骤(18)、(26)和步骤(26)的镜像对象。

(30)选择修剪命令,完成对步骤(29)所绘圆的修剪。

(31)选择圆角命令,圆角半径10,完成步骤(26)所绘圆、步骤(26)的镜像对象与步骤(19)所绘圆的圆角。

(32)选择修剪命令,修剪边为步骤(31)圆角对象、步骤(30)修剪后的圆弧,修剪2个半径12圆、半径35圆。

(33)选择修剪命令或按【Enter】键,修剪边为步骤(22)所绘圆、步骤(22)圆的镜像对象,修剪半径35圆。

(34)切换图层为“中心线”层;补充完整图形的中心线。

(35)切换图层为“标注”层;完成图形的标注。

你还可以怎么绘?

学习笔记

同级操练

利用本任务所学的绘图命令，完成题图 3-3、题图 3-4 所示图形的绘制，并标注尺寸。

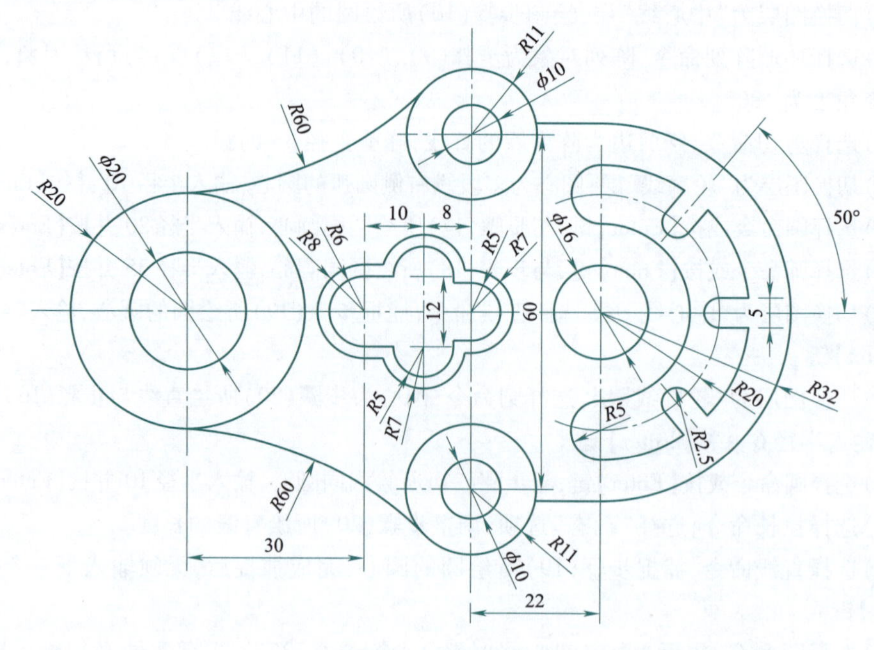

题图 3-3　绘制图形①

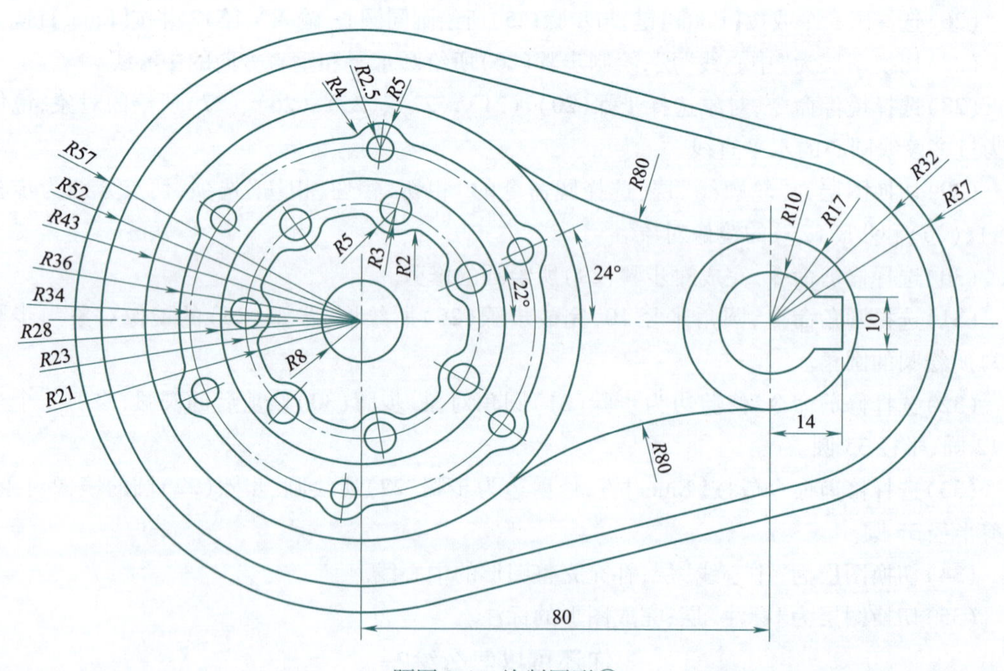

题图 3-4　绘制图形②

学习笔记

任务三　复杂二维图形速绘制

本任务使用多线命令完成图 3-32 所示教室平面图的绘制，通过与真实的学习场景紧密联系，使学生熟练掌握建筑平面的绘制过程和步骤。

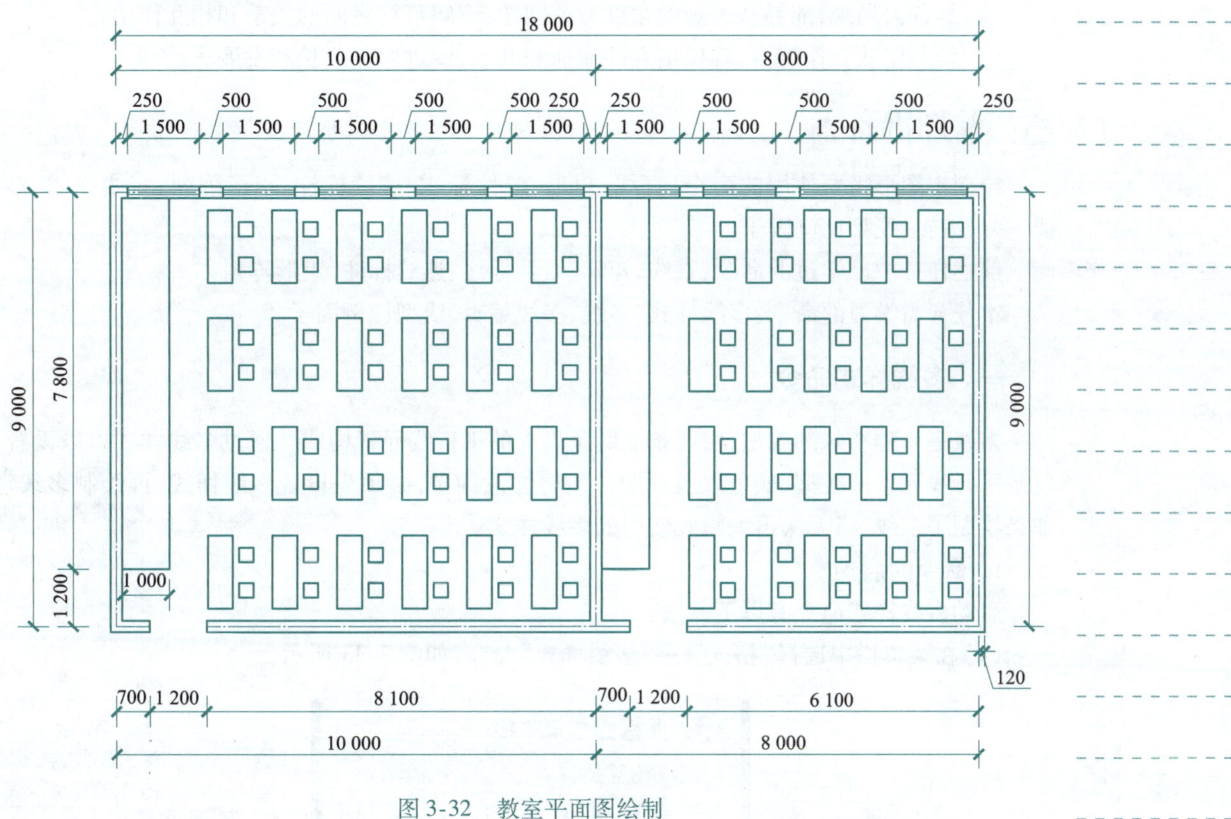

图 3-32　教室平面图绘制

任务分析

本任务图形为教室的示意图，墙体和窗线须设置不同的多线样式，墙体厚度设置为 240 mm。多线的相交模式分为 T 形相交、十字相交和角点结合，在绘制时一定要注意相交模式。

简单的建筑图形适合直接使用多线绘制，复杂的建筑图可以使用直线辅助法绘制，以避免出现错误的相交模式，导致多线无法修改，从而增加绘图时间和工作量。

图中桌子、椅子仅为示意图，尺寸可以根据情况作调整，行数、列数也可以作调整。

任务目标

1. 知识目标

（1）掌握多线样式的设置方法；

（2）掌握多线的绘制方法；

（3）掌握多线的编辑方法；

（4）掌握线型比例因子的设置。

学习笔记

2. 能力目标

(1)能够熟练、准确地绘制建筑平面图,提升结构分析能力和空间理解能力;

(2)能够将课堂上学到的知识与实际生活中的事物相结合,不断探索新的知识和技能。

3. 素质目标

(1)培养严谨的工作作风、科学的工作态度;

(2)具备大局观,能够从宏观的角度看待问题,理解事物之间的关系和相互作用;

(3)培养团队合作能力,确保信息的流通和共享,促进职业成长和发展。

绘图准备

绘制本图形需要使用的命令:直线、矩形、线性标注、连续标注、矩形阵列、多线样式、多线、多线编辑、线型比例因子。

前述任务中已学过的命令:直线、矩形、线性标注、连续标注、矩形阵列。

本任务需学习的命令:多线样式、多线、多线编辑、线型比例因子。

一、多线样式命令

多线是一种特殊的线型,由两条或两条以上的平行线元素构成。通过多线样式可以设置每条平行线元素的线型、颜色以及间距。需要注意的是,必须先设置多线样式,再绘制多线。如果绘制了多线,将无法再编辑其使用的多线样式。

1. 命令的启动

启动多线样式命令有以下方法:

(1)在菜单栏中选择“格式”→“多线样式”命令,如图3-33所示。

多重引线样式(I)
打印样式(Y)...
点样式(P)...
多线样式(M)...
单位(U)...

图3-33 菜单调用多线样式命令

(2)在命令行中输入MLST并按【Enter】键。

2. 命令的使用

多线样式命令启动后,弹出“多线样式”对话框,如图3-34所示。

在该对话框中可以进行如下操作:

(1)置为当前:将选定的样式置为当前样式。

(2)新建(N):新建一个多线样式。

(3)修改(M):修改还没有使用过的多线样式。

(4)重命名(R):重新命名还没有使用过的多线样式。

(5)删除(D):删除还没有使用过的多线样式。

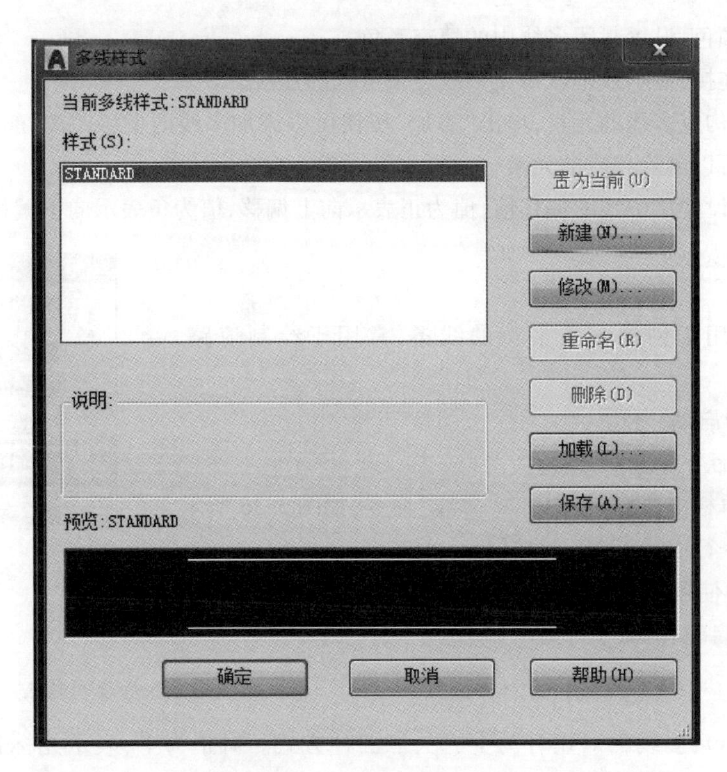

图 3-34　“多线样式”对话框

(6)加载(L)：加载多线样式。

(7)保存(A)：保存创建的多线样式。

单击“新建”(或“修改”)按钮后，将弹出“新建(或修改)多线样式”对话框，如图 3-35 所示。

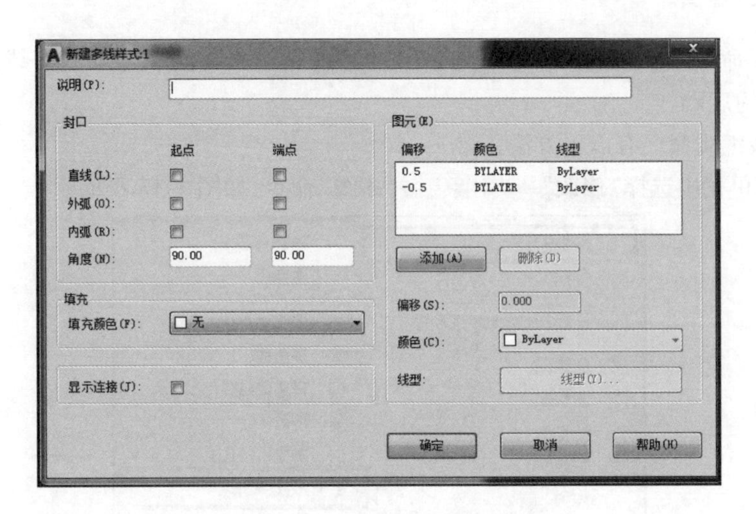

图 3-35　“多线样式”对话框

对话框中各选项说明如下：

(1)封口：设置多线两端封口的样式，若不勾选该选项中的复选框，绘制的多线两端将呈现打开状态。

学习笔记

(2)填充颜色:设置封闭多线内的填充颜色。

(3)显示连接:显示或隐藏每条多线段顶点处的连接。

(4)图元:构成多线的元素,单击“添加”按钮可以添加多线的偏移距离、颜色、线型;单击“删除”按钮,可以删除相应的元素。

(5)偏移:设置从中线的偏移值,值为正表示向上偏移,值为负表示向下偏移。

二、多线命令

多线命令用于创建多条平行的线条,常用于绘制道路、墙体等。

1. 命令的启动

启动多线命令有以下方法:

(1)在菜单栏中选择“绘图”→“多线”命令,如图 3-36 所示。

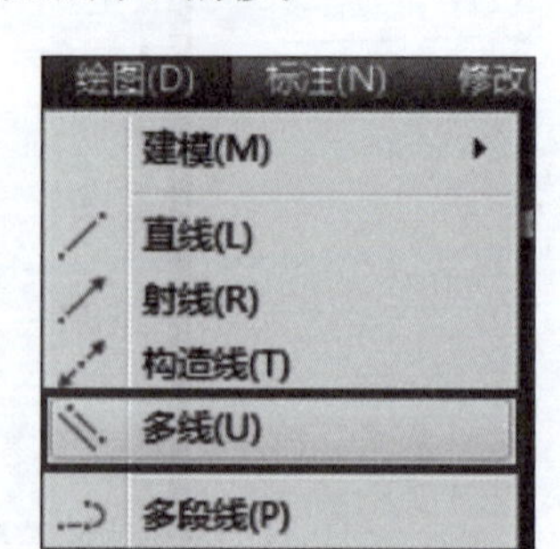

图 3-36　菜单调用多线命令

(2)在命令行中输入 ML 并按【Enter】键。

2. 命令的使用

多线命令启动后,命令行提示如下:

```
指定起点或[对正(J)/比例(S)/样式(ST)]:            //指定多线的绘制起点
```

(1)对正(J):多线的对正分为上、无、下三种方式。对正为上,表示光标在顶端线位置处;对正为无,表示光标在“0”值线位置处(该线指多线样式中偏移值为 0 的线);对正为下,表示光标在底端线位置处。

(2)比例(S):输入多线的绘制比例。

(3)样式(ST):选择定义好的多线样式。

三、多线编辑命令

多线编辑命令用于处理多线的相交状态、添加或删除顶点、修剪或延长多线等操作。

1. 命令的启动

启动多线编辑命令有以下方法:

(1)在菜单栏中选择“修改”→“对象”→“多线”命令,如图 3-37 所示。

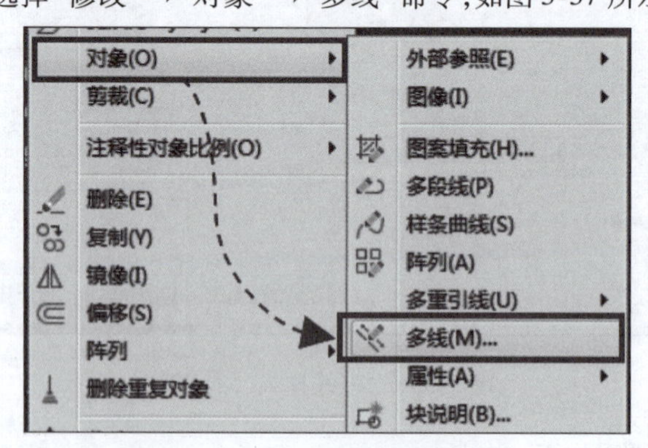

图 3-37　多线编辑

(2)双击多线。

学习笔记

2. 命令的使用

多线编辑命令启动后，弹出“多线编辑工具”对话框，如图 3-38 所示。

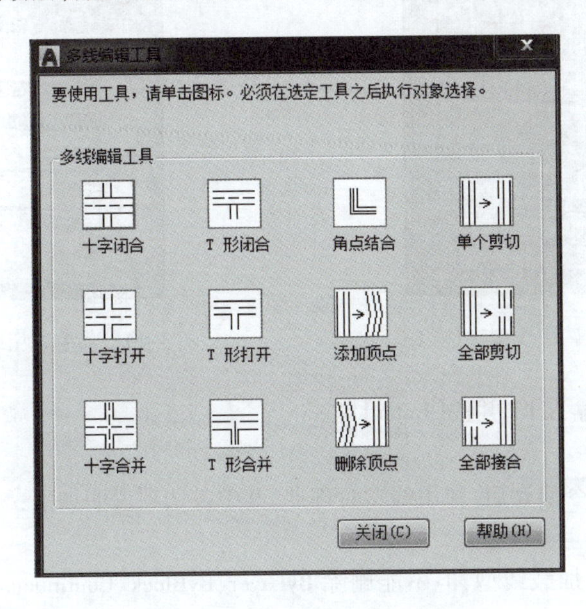

图 3-38　“多线编辑工具”对话框

对话框中各选项说明如下：

(1)十字闭合：相交的两条多线呈十字封闭状态。

(2)十字打开：相交的两条多线呈十字开放状态。

(3)十字合并：相交的两条多线呈十字合并状态。

(4)T 形闭合：相交的两条多线呈 T 形封闭状态。

(5)T 形打开：相交的两条多线呈 T 形开放状态。

(6)T 形合并：相交的两条多线呈 T 形合并状态。

(7)角点结合：将两条多线修剪或延长，形成一个相交角。

(8)添加顶点：在多线上添加一个顶点。

(9)删除顶点：删除多线的一个顶点。

(10)单个剪切：拾取多线中的某条线上两个点，可以断开此线。

(11)全部剪切：拾取多线上的两个点，可以全部断开此多线。

(12)全部接合：连接同一条多线中的全部间断，注意不能连接两条独立的多线。

四、线型比例因子命令

线型比例因子是用于控制图形中虚线、点画线等线型显示比例的因子，比例因子的值越大，虚线、点画线中的线段或点之间的间隔就越长，反之则越短。用户可以根据图纸的大小或打印需求调整线型的显示比例，以确保线型在图纸上的正确显示和正确打印。

1. 命令的启动

启动线型比例因子命令有以下方法：

(1)在“默认”选项卡的“特性”面板中单击“线性”→“其他”按钮，如图 3-39 所示。

学习笔记

(2)在菜单栏中选择“格式”→“线型”命令,如图3-40所示。

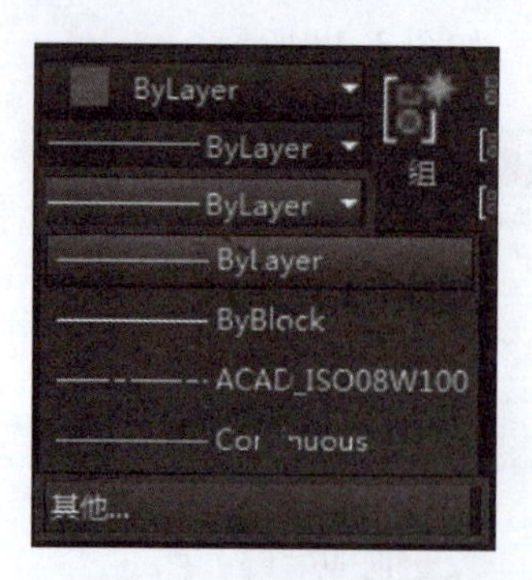

图3-39 选项卡调用线型比例因子命令

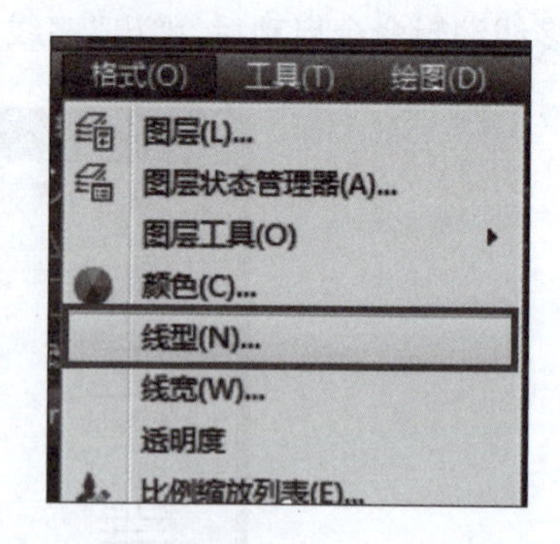

图3-40 菜单调用线型比例因子命令

(3)在命令行中输入LT并按【Enter】键。

2. 命令的使用

线型比例因子命令启动后,弹出线型管理器,其中各选项说明如下:

(1)加载:加载或重载线型。

(2)删除:删除已加载线型,但不能删除ByLayer、ByBlock、Continuous线型、当前线型、依赖外部参照的线型、图层或由对象参照的线型。

(3)当前:将选定线型置为当前线型。

(4)显示细节/隐藏细节:显示或隐藏详细信息。

(5)全局比例因子:线型在该图形中的显示比例,设置后将修改所有新的和现有线型比例。

(6)当前对象缩放比例:修改后绘制的线型使用该比例,之前绘制的线型比例不会改变。

实操贴士

可以这样绘

视频

项目三任务三 可以这样绘

(1)单击“图层”面板中的“图层特性”按钮,新建图层,设置如下:

轮廓线:颜色设置为白色,线型设置为Continuous。

窗线:颜色设置为黄色,线型设置为Continuous。

标注:颜色设置为绿色,线型设置为Continuous。

设备:颜色设置为青色,线型设置为Continuous。

(2)选择图层“轮廓线”层,将其置为当前图层。

(3)在菜单栏中选择“格式”→“多线样式”命令,新建“墙体”样式,起点、端点选择直线封口,第一条线偏移120,颜色ByLayer,线型Continuous;第二条线偏移-120,颜色ByLayer,线型Continuous;第三条线偏移0,颜色红色,线型ACAD_ISO08W100。

(4)继续在多线样式中新建“窗线”样式,第一条线偏移120,第二条线偏移30,第三条线偏移-120,第四条线偏移-30,四条线的颜色均设置为ByLayer,线型均设置为Continuous。

(5)设置“墙体”“窗线”多线样式后,将“墙体”样式置为当前样式。

(6)选择多线命令,对正类型设置为“无”,比例为1:

①指定起点时,在绘图区域任意位置单击。

②输入6100(从右下角水平直线开始绘制)。

学习笔记

③向上引出垂直追踪线，输入 9000 并按【Enter】键。

④向左引出水平追踪线，输入 250 并按【Enter】键。

(7)选择多线命令或按【Enter】键：

①将光标放在步骤(6)结束端点的中心线上，向左引出水平追踪线，输入 1500 并按【Enter】键。

②向左引出水平追踪线，输入 500 并按【Enter】键。

(8)选择图层“窗线”层，将其置为当前图层；在多线样式中选择“窗线”，将其置为当前。

(9)选择多线命令，起点为步骤(7)所绘多线右侧中心线，终点为步骤(6)所绘多线结束的端点。

(10)选择矩形阵列命令，阵列对象为步骤(7)、(9)绘制的多线，列数 8，行数 1，列间距 −2 000。

(11)选择多线命令，起点为阵列对象最左侧多线的中心线，然后向左引出水平追踪线，输入 1500 并按【Enter】键。

(12)选择图层“轮廓线”层，将其置为当前图层；选择多线命令，设置多线样式为“墙体”：

①起点为步骤(11)所绘多线的左侧竖线中点。

②向左引出水平追踪线，输入 250 并按【Enter】键。

③向下引出垂直追踪线，输入 9000 并按【Enter】键。

④向右引出水平追踪线，输入 700 并按【Enter】键。

(13)选择多线命令或按【Enter】键：

①将光标放在步骤(12)结束的端点上，向右引出水平追踪线，输入 1200 并按【Enter】键(空出门的位置)。

②向右引出水平追踪线，输入 8800 并按【Enter】键(此处需注意：不能绘制 8100 然后再向上绘制 9000，这样会出现错误的多线相交方式，导致不能编辑多线)。

(14)选择多线命令或按【Enter】键：

①将光标放在步骤(13)结束的端点上，向左侧引出水平追踪线，输入 700。

②向上引出垂直追踪线，捕捉与上方多线的交点。

(15)双击任意一条多线，选择多线编辑工具中的“T 形合并”，完成多线的编辑。

(16)选择直线命令(绘制讲台)：

①将光标放在左下角多线的内侧角点上，向上引出垂直追踪线，输入 1080(扣减墙厚度 120)。

②向右引出水平追踪线，输入 1000 并按【Enter】键。

③向上引出垂直追踪线，捕捉与上方多线的内侧交点。

(17)选择复制命令，复制对象为步骤(16)所绘直线，基点为左下角端点，向右引出水平追踪线，输入 10000 并按【Enter】键。

(18)选择图层“设备”层，将其置为当前图层。

(19)选择矩形命令，在左边教室绘制 300 × 1 300 的矩形(桌子示意图)，放在图形的左下端合适位置处(无规定尺寸)。

(20)选择矩形命令，绘制 2 个 300 × 300 的矩形(椅子示意图)，放在桌子示意图旁。

(21)选择矩形阵列命令，阵列对象为步骤(19)、(20)所绘的矩形，列数 6，行数 4，列间距和行间距自定义。

学习笔记

(22)按照步骤(19)、(20)、(21)的方法,完成右边教室5列4行桌椅示意图的绘制。

(23)选择图层“标注”层,将其置为当前图层;完成尺寸的标注。

(24)在线型管理器中将全局比例因子改为10。

还可以这样绘

视频

项目三任务三 还可以这样绘

以下方法适用于图形复杂且多线有多处相交的情况。

(1)单击“图层”面板中的“图层特性”按钮,新建图层,设置如下:

轮廓线:颜色设置为白色,线型设置为Continuous。

窗线:颜色设置为黄色,线型设置为Continuous。

标注:颜色设置为绿色,线型设置为Continuous。

设备:颜色设置为青色,线型设置为Continuous。

辅助:颜色设置为蓝色,线型设置为Continuous,打印设置为不打印。

(2)选择图层“辅助”层,将其置为当前图层。

(3)选择直线命令:

①起点在绘图区域任意位置单击(从图形右下角开始绘制)。

②输入“0,9000”并按【Enter】键。

③输入“-250,0”并按【Enter】键。

(4)选择直线命令或按【Enter】键:

①将光标放在步骤(3)结束的端点上,向左引出水平追踪线,输入1500并按【Enter】键。

②输入“-500,0”并按【Enter】键。

(5)选择矩形阵列命令,阵列对象为步骤(4)所绘直线,列数8,行数1,列间距-2 000。

(6)选择直线命令:

①将光标放在阵列后对象的最左侧端点上,向左引出水平追踪线,输入1500并按【Enter】键。

②输入“-250,0”并按【Enter】键。

③输入“0,-9000”并按【Enter】键。

④输入“700,0”并按【Enter】键。

(7)选择直线命令或按【Enter】键:

①将光标放在步骤(6)结束的端点上,向右引出水平追踪线,输入1200并按【Enter】键。

②向右引出水平追踪线,输入8100并按【Enter】键。

③输入“0,9000”并按【Enter】键(也可直接捕捉与上方直线的交点)。

(8)选择直线命令或按【Enter】键,起点为步骤(7)所绘直线的右下端点,输入“700,0”并按【Enter】键。

(9)选择直线命令或按【Enter】键:

①将光标放在步骤(8)结束的端点,向右引出水平追踪线,输入1200并按【Enter】键。

②捕捉与右侧垂直线的交点。

(10)设置多线样式,新建“墙体”样式,起点、端点选择直线封口,第一条线偏移120,颜色ByLayer,线型Continuous;第二条线偏移-120,颜色ByLayer,线型Continuous;第三条线偏移0,颜色红色,线型ACAD_ISO08W100。

(11)继续在多线样式中新建“窗线”样式,第一条线偏移120,第二条线偏移30,第三条线偏移-120,第四条线偏移-30,四条线的颜色均设置为ByLayer,线型均设置为Continuous。

学习笔记

(12)将“墙体”多线样式置为当前样式;选择图层“轮廓线”层,将其置为当前图层。

(13)选择多线命令,对正类型设置为“无”,比例为1,选择步骤(3)至步骤(9)所绘直线的端点,完成墙体的绘制。

(14)将“窗线”多线样式置为当前样式;选择图层“窗线”层,将其置为当前图层。

(15)选择多线命令,完成对窗线的绘制。

(16)双击任意一条多线,选择多线编辑工具中的“T形合并”,完成多线的编辑。以下操作与上一种方法相同。

你还可以怎么绘?

同级操练

利用本任务所学的绘图命令,完成题图3-5、题图3-6所示平面图的绘制,并标注尺寸。

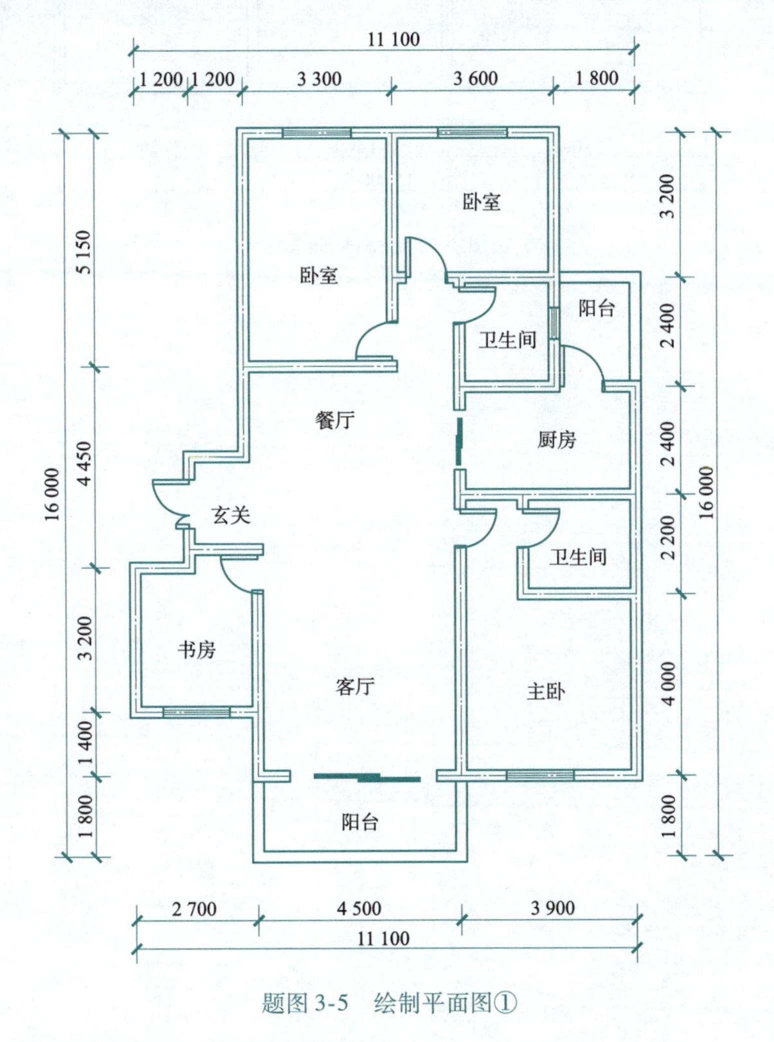

题图3-5　绘制平面图①

学习笔记

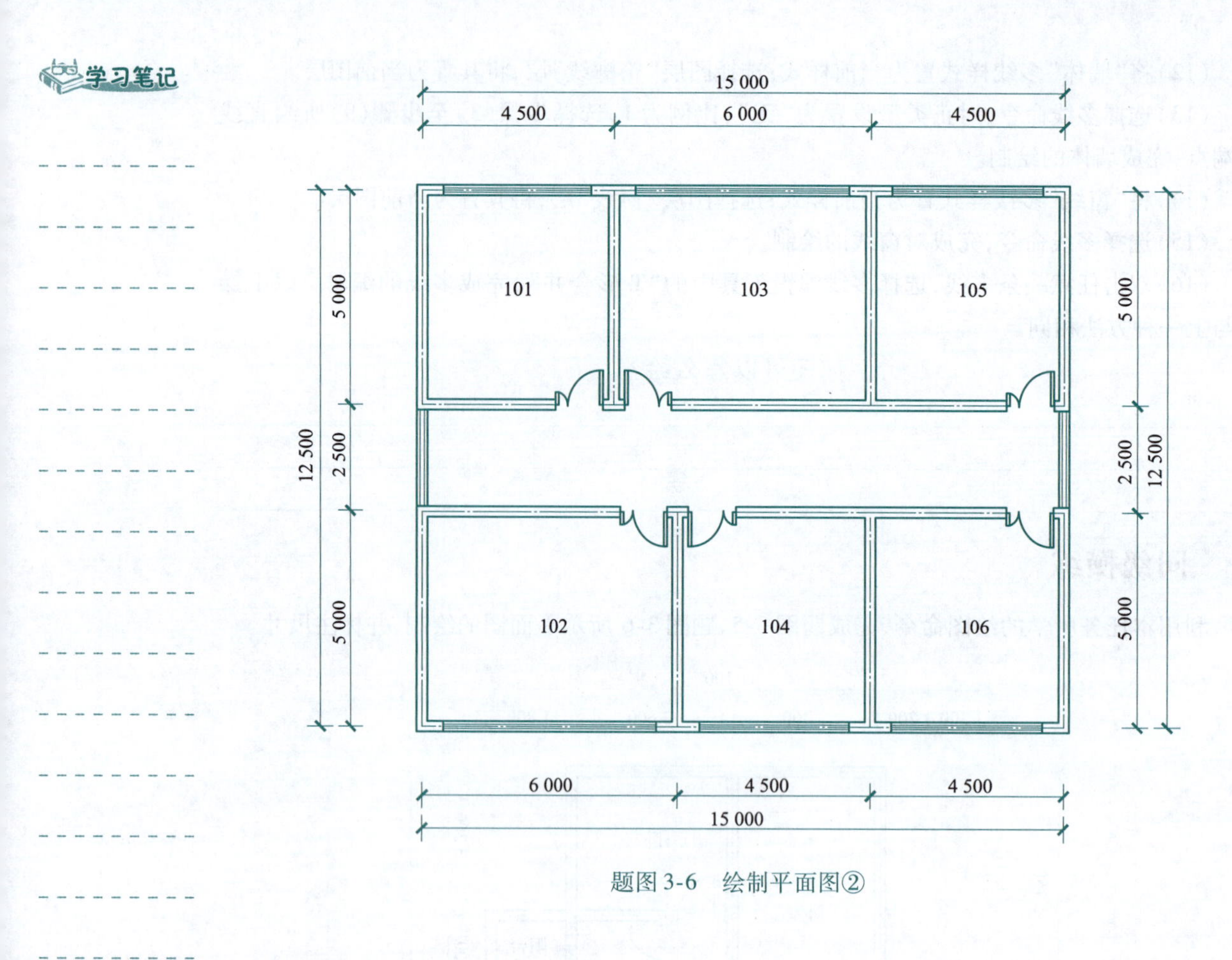

题图3-6　绘制平面图②

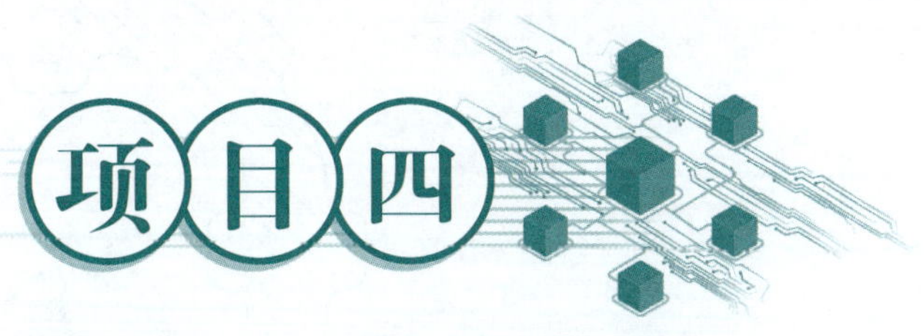

项目四 编辑工具巧掌握

学习笔记

项目说

我国 CAD 软件行业经历了以下五个发展阶段：

1981—1990 年：初步探索阶段，国家重视 CAD 产业的发展，联合高校进行技术研发。

1991—1995 年：提出“甩掉绘图板”（简称“甩图板”）口号，加大了 CAD 软件的普及推广力度，促进了 CAD 技术的进一步发展。

1996—2000 年：取得阶段性成果，近百种国产 CAD 应用软件在国内得到了较为广泛的应用，其中包括大量基于 AutoCAD 的二次开发商。

2001—2010 年：国家对知识产权的保护力度加大，推动软件正版化普及工作，国产 CAD 企业发展迅速，二维 CAD 国产市场不断扩大。

2011 年至今，国家颁布一系列政策促进工业软件的发展，国产 CAD 软件进入深化应用阶段。

本项目的三个学习任务都没有标注具体的尺寸，学习时需要通过思考和尝试才能完成绘制，坚定自己的信心，可以更好地完成任务。

通过前面项目的学习，相信学生已积累和具备了一定的经验和操作技能，只要树立坚定的信念和创新思维，平和心态，专注任务，就能探索出一条适合自己的学习道路。

任务一　测一测面积

本任务完成图 4-1 所示图形面积的测量，任务图形是环状的，没有具体尺寸，主要通过直线和圆弧命令相结合绘制，绘制时需要仔细观察图形，找出尺寸规律。测量图中阴影部分的面积时，需注意扣减图形内部的面积。

学习笔记

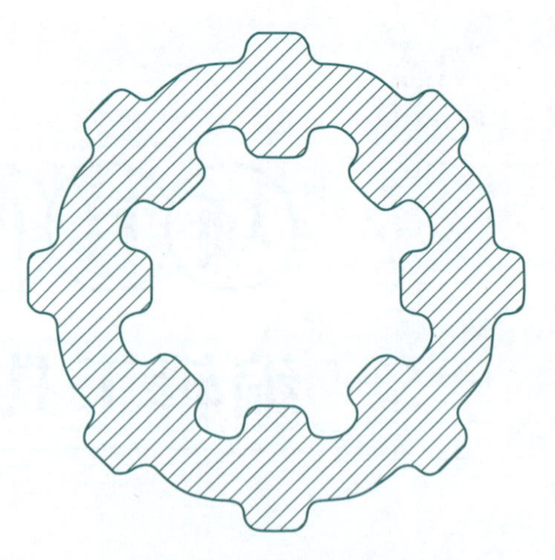

图4-1　测量图形面积

任务分析

在测量本任务中图形的面积时，直线段只需要捕捉端点即可，但对于弧线段只捕捉端点会造成部分区域无法选择，从而造成极大的误差。

可以使用修改→对象→多段线命令将图形合并成多段线，或者使用合并命令合并对象（但这两个命令都要求对象相连并形成封闭图形，并且对象间至多有一处交叉点），此时测量面积可以通过选择对象的方式完成；也可以将图形进行填充，通过测量填充图形的面积完成测量；还可以直接使用多段线命令绘制图形，测量面积时直接选择对象即可完成。

任务目标

1. 知识目标

（1）掌握面积的测量方法；

（2）掌握修改多段线的方法。

2. 能力目标

（1）能够查询不同形状图形面积的计算方法，灵活选择查询方法，提升查询技巧，培养学以致用的工程思维；

（2）能够将多段线段或圆弧构成的连续线条组合成多段线，提高编辑和修改能力。

3. 素质目标

（1）培养认真负责的工作态度和一丝不苟的工作作风；

（2）具备独立思考的能力，对信息进行理性和客观的分析和批判，形成自己的见解；

（3）具备持续学习和实践能力，将课堂上学到的知识与实际生活中的事物相结合，不断探索新的知识和技能。

绘图准备

绘制本图形需要使用的命令：直线、圆弧、图案填充、多段线、修改多段线、测量面积。

前述任务中已学过的命令：直线、圆弧、图案填充、多段线。

学习笔记

本任务需学习的命令：修改多段线、测量面积。

一、修改多段线命令

通过修改多段线命令可以对多段线进行修改和定义，包括合并、宽度调整、顶点编辑、拟合、样条曲线化以及非曲线化等操作。

1. 命令的启动

启动修改多段线命令有以下方法：

(1)在菜单栏中选择“修改”→“对象”→“多段线”命令，如图 4-2 所示。

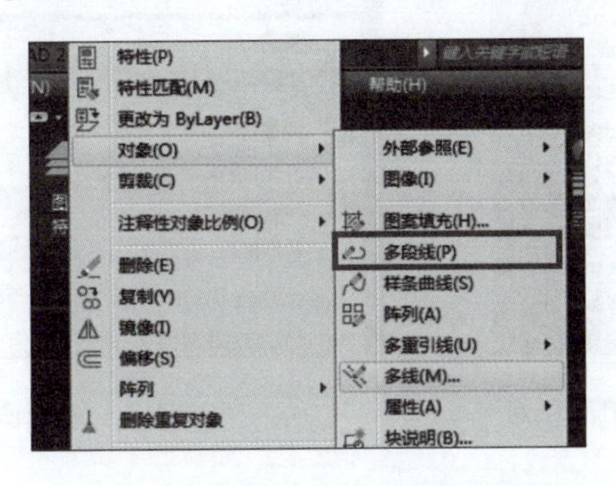

图 4-2　菜单调用多段线编辑命令

(2)在命令行中输入 PE 并按【Enter】键。

2. 命令的使用

修改多段线命令启动后，命令行提示如下：

选择多段线或[多条(M)]:　　　　//选择多段线

如果选择的不是多段线，命令行提示：

是否将直线、圆弧和样条曲线转换为多段线？ [是(Y)否(N)]? <Y>:

选择 N，回到上一步重新选择；选择 Y，命令行继续进行下一步提示：

输入选项[闭合(C)/合并(J)/宽度(W)/编辑顶点(E)/拟合(F)/样条曲线(S)/非曲线化(D)/线型生成(L)/反转(R)]:

(1)闭合(C)：闭合开放多段线，对于已闭合多段线，该选项则被“打开(O)”代替。

(2)合并(J)：将直线、圆弧或多段线对象和与其端点重合的其他多段线对象合并成一个多段线。

(3)宽度(W)：指定多段线宽度，该宽度值对于各个线段均有效。

(4)编辑顶点(E)：对组成多段线的各个顶点进行编辑。

(5)拟合(F)：在相邻顶点之间增加两个顶点，由此生成一条光滑曲线。

(6)样条曲线(S)：使用多段线顶点作为控制点生成样条曲线。

(7)非曲线化(D)：将所有曲线和圆弧转换为直线段。

(8)线型生成(L)：该选项设置为“开(ON)”，则将多段线作为一个整体生成线型；设置为“关(OFF)”，则将在每个顶点处以点画线开始和结束生成线型。

(9)反转(R)：切换多段线的方向。

学习笔记

二、测量面积命令

测量面积是指使用 AutoCAD 软件计算或测量图形对象的面积。

1. 命令的启动

启动测量面积命令有以下方法：

（1）在“默认”选项卡的“实用工具”面板中单击“测量”→“面积”按钮，如图 4-3 所示。

（2）在菜单栏中选择“工具”→“查询”→“面积”命令，如图 4-4 所示。

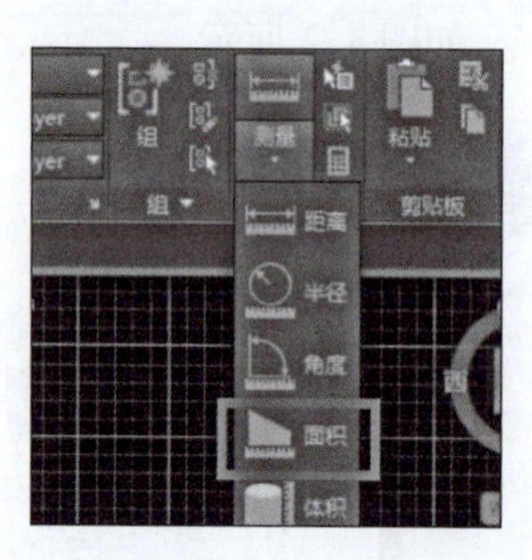

图 4-3　选项卡调用面积命令

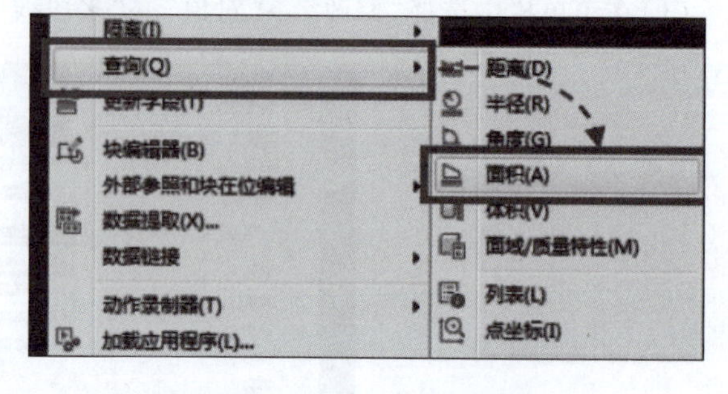

图 4-4　菜单调用面积命令

2. 命令的使用

测量面积命令启动后，命令行提示如下：

指定第一个角点或[对象(O)/增加面积(A)/减少面积(S)/退出(X)]<对象(O)>：

（1）指定第一个角点：依次拾取需要查询面积区域的各个关键点，形成一个封闭区域。

（2）对象（O）：选择对象计算面积。

（3）增加面积（A）：从总面积中增加指定区域的面积。

（4）减少面积（S）：从总面积中减去指定区域的面积。

（5）退出（X）：退出此选项。

实操贴士

可以这样绘

视频

项目四任务一
可以这样绘

（1）选择直线命令：

①在绘图区域任意位置单击以指定起点。

②向上引出垂直追踪线，输入 10 并按【Enter】键。

③向右引出水平追踪线，输入 10 并按【Enter】键。

④向上引出垂直追踪线，输入 10 并按【Enter】键。

（2）选择圆角命令，在命令行中选择“多个（M）”选项，圆角半径 5，对两个直角进行圆角。

（3）选择镜像命令：

①镜像对象为步骤（1）、（2）所绘对象。

②选择镜像线的第一个点：将光标放在左下角直线的端点上，向右引出水平追踪线，输入 20 并按【Enter】键。

③选择镜像线的第二个点：向上引出垂直追踪线，在追踪线的任意位置单击。

(4)选择镜像命令或按【Enter】键：

①镜像对象为上述所有步骤所绘对象。

②选择镜像线的第一个点：将光标放在左下角直线的端点上，向左引出水平追踪线，输入40并按【Enter】键。

③选择镜像线的第二个点：输入“1 <22.5”(极长可以是任意值)并按【Enter】键。

(5)选择圆角命令，在命令行中选择“多个(M)”选项：

①圆角半径10，对左侧相交的两条直线圆角。

②圆角半径30，对右侧相交的两条直线圆角。

(6)选择环形阵列命令，阵列对象为上述所有步骤所绘对象，阵列中心点为图形左下角直线端点水平向左40处[即步骤(4)镜像线的第一个点]，项目数8，填充角度为360°。

(7)选择“修改”→“合并”命令，对象选择已绘制的所有对象并右击(也可以在菜单栏中选择“修改”→“对象”→“多段线”命令，分别将外侧对象和内侧对象设置为多段线)。

(8)选择“测量”→“面积”命令：

①在命令行中选择“增加面积(A)”选项。

②在命令行中选择“对象(O)”选项。

③选择图形外侧对象。

④再次提示选择对象时，直接按【Enter】键。

⑤在命令行中选择“减少面积(S)”选项。

⑥在命令行中选择“对象(O)”选项。

⑦选择图形内侧对象。

(9)命令行提示“总面积 = 11 015.207 7”即为图形阴影部分面积。

还可以这样绘

视频

项目四任务一还可以这样绘

(1)选择直线命令：

①在绘图区域任意位置单击以指定起点。

②向上引出垂直追踪线，输入10并按【Enter】键。

③向右引出水平追踪线，输入10并按【Enter】键。

④向上引出垂直追踪线，输入10并按【Enter】键。

(2)选择圆角命令，在命令行中选择“多个(M)”选项，圆角半径5，对两个直角进行圆角。

(3)选择镜像命令：

①镜像对象为步骤(1)、(2)所绘对象。

②选择镜像线的第一个点：将光标放在左下角直线的端点上，向右引出水平追踪线，输入20并按【Enter】键。

③选择镜像线的第二个点：向上引出垂直追踪线，在追踪线的任意位置单击。

(4)选择镜像命令或按【Enter】键：

①镜像对象为上述所有步骤所绘对象。

②选择镜像线的第一个点：将光标放在左下角直线的端点上，向左引出水平追踪线，输入40并按【Enter】键。

③选择镜像线的第二个点：输入“1 <22.5”(极长可以是任意值)并按【Enter】键。

(5)选择圆角命令，在命令行中选择“多个(M)”选项：

学习笔记

①圆角半径10,对左侧相交的两条直线圆角。

②圆角半径30,对右侧相交的两条直线圆角。

(6)选择环形阵列命令,阵列对象为上述所有步骤所绘对象,阵列中心点为图形左下角直线端点水平向左40处[即步骤(4)镜像线起点],项目数8,填充角度为360°。

(7)单击"图层"面板中的"图层特性"按钮,新建"填充"层:颜色设置为蓝色,线型设置为Continuous,打印设置为不打印。

(8)选择图层"填充"层,将其置为当前图层。

(9)选择图案填充命令,拾取图示阴影部分的任意位置,图案自定义。

(10)选择"测量"→"面积"命令,在命令行中选择"对象(O)"选项,然后选择填充图案。

(11)命令行提示"区域=11 015.207 7"即为图形阴影部分面积。

(12)关闭"填充"层。

你还可以怎么绘?

同级操练

利用本任务所学的绘图命令,完成题图4-1、题图4-2所示图形的绘制,并测量阴影部分面积。

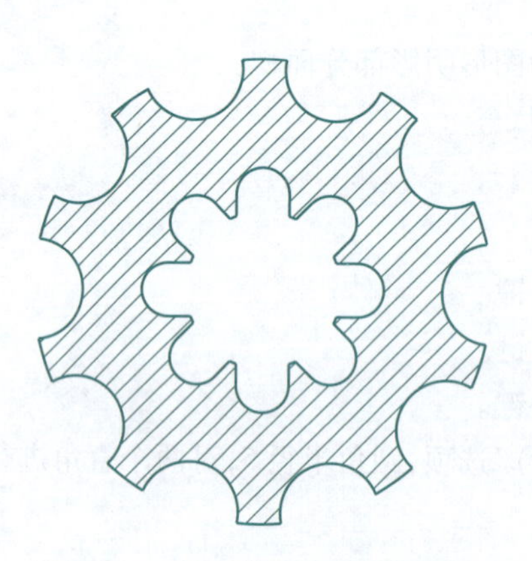

题图4-1　绘制并测量阴影面积①

题图4-2　绘制并测量阴影面积②

任务二　表格的多种绘制

本任务制作图4-5所示的工程数量表,工程数量表是工程图纸的一个重要部分,如何快速地绘制表格和修改数据是一项基本技能;数量表的大小需要根据图纸大小和所处位置确定,其列宽和行高没有固定值。

学习笔记

每延米工程数量表

结构类型	浆砌片石/m^3	抹面/m^3
Ⅰ型边沟	0.869	0.61
Ⅱ型边沟	0.635	0.30
Ⅰ排水沟	0.620	0.40
Ⅱ排水沟	0.980	0.80
碎落台截水沟	0.540	0.60
截水沟	0.579	0.72
拦水带每块数量：0.021 m^3（25号混凝土）		

图 4-5　制作工程数量表

任务分析

本任务中的工程数量表可以通过“绘图”菜单直接插入表格，也可以通过 OLE 对象方式插入 Excel 表格。

任务目标

1. 知识目标

(1)掌握表格的制作及表格样式的设置方法；

(2)掌握文字样式的设置方法；

(3)掌握多行文字和单行文字的输入方法；

(4)掌握插入 OLE 对象的方法；

(5)掌握缩放对象的方法。

2. 能力目标

(1)能够完成工程数量表的绘制，通过设置表格的格式，完成表格制作，也能通过 OLE 对象方式使用 Excel 插入表格；

(2)能够使用多行文字或单行文字的方式完成文字的输入，并能分析两者的区别及使用技巧；

(3)能够根据设计要求，使用缩放命令实现图形的放大和缩小。

3. 素质目标

(1)培养行为规范、守纪律、爱岗敬业的职业道德；

(2)具备交互设计能力，培养独立分析问题与解决问题的能力，将不同领域的知识综合运用，不断创新，提高职业素养；

(3)具备坚定的信念，明确目标和抱负，努力学习新知识和技能，积极走出自己的道路。

绘图准备

绘制本图形需要使用的命令：直线、矩形阵列、表格样式、表格、文字样式、多行文字、单行文字、插入 OLE 对象、缩放。

前述任务中已学过的命令：直线、矩形阵列。

本任务需学习的命令：表格样式、表格、文字样式、多行文字、单行文字、插入 OLE 对象、缩放。

学习笔记

一、表格样式命令

在表格样式中，可以指定当前表格样式以确定所有新表格的外观，表格样式包括背景颜色、页边距、边界、文字和其他表格特征的设置。

1. 命令的启动

在菜单栏中选择“格式”→“表格样式”命令，如图4-6所示。

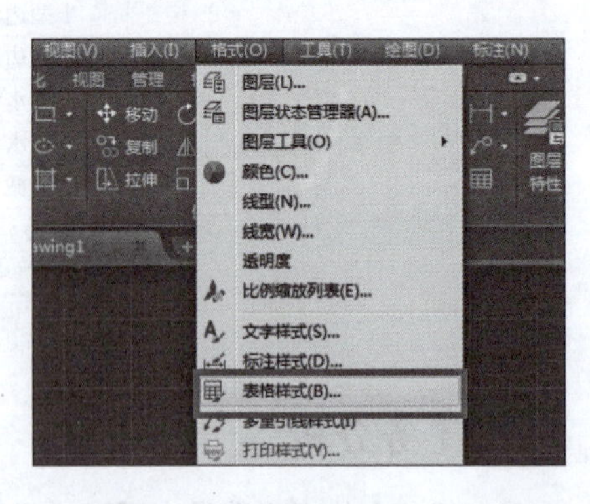

图4-6　菜单调用表格样式命令

2. 命令的使用

表格样式命令启动后，弹出“表格样式”对话框，对话框中选项的说明如下：

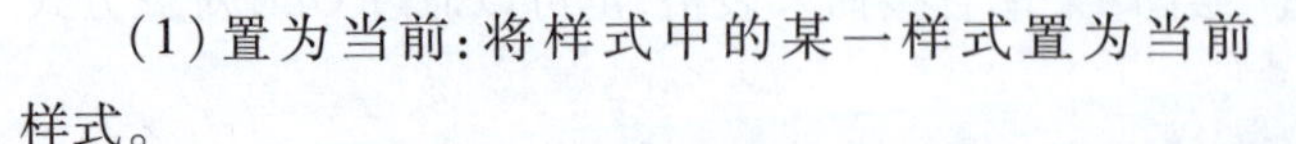

(1)置为当前：将样式中的某一样式置为当前样式。

(2)新建：新建一个样式，在弹出的“创建新的表格样式”对话框中，完成新样式名和基础样式的设置；然后在“新建表格样式”对话框中，完成起始表格、单元样式、常规、文字、边框等选项的设置，单击“确定”按钮即设置一个新样式。

(3)修改：修改样式中的某一样式，可对起始表格、单元样式、常规、文字、边框等选项进行修改。

(4)删除：删除样式中的某一样式。

二、表格命令

AutoCAD具有强大的绘图功能，但其表格处理功能相对较弱。需要在AutoCAD中制作表格时，可以直接创建表格，也可以从Excel中生成表格，还可以提取图形数据生成表格。

1. 命令的启动

启动表格命令有以下方法：

(1)在“默认”选项卡的“注释”面板中单击“表格”按钮，如图4-7所示。

(2)在菜单栏中选择“绘图”→“表格”命令，如图4-8所示。

图4-7　选项卡调用表格命令

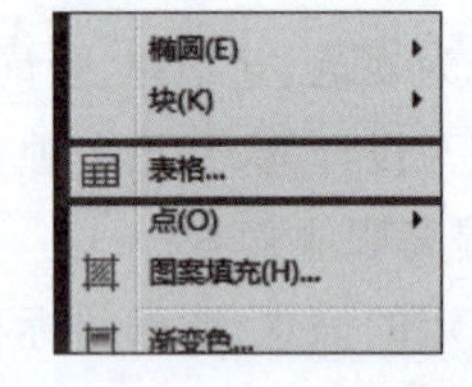

图4-8　菜单调用表格命令

2. 命令的使用

表格命令启动后，弹出“插入表格”对话框，可对表格样式、插入选项、插入方式、列和行、单元样式进行设置，设置完成后单击“确定”按钮，即可插入表格。

如果插入选项是从空表格开始，则还需要完成数据输入。表格插入后，可以对单元格格式、行高、列宽等进行设置。

学习笔记

三、文字样式命令

在 AutoCAD 中可以设置和使用不同的字体样式，以适应不同的绘图需求。选择字体时，应避免使用带有“@”符号的字体，因为该字体输入的汉字会颠倒。

1. 命令的启动

在菜单栏中选择“格式”→“文字样式”命令，如图 4-9 所示。

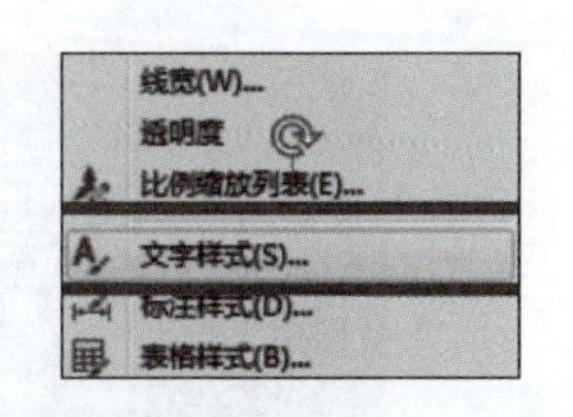

图 4-9　菜单调用文字样式

2. 命令的使用

文字样式命令启动后，弹出“文字样式”对话框，可以进行置为当前、新建样式、删除样式、设置字体的大小和效果等操作。

四、多行文字命令

多行文字可以进行多行内容分布，同一行或不同行的文字可以设置成不同的高度、字体、倾斜等，多行文字的可编辑选项比单行文字多，效果更丰富。

1. 命令的启动

启动多行文字命令有以下方法：

(1)在“默认”选项卡的“注释”面板中单击“文字”→“多行文字”按钮，如图 4-10 所示。

(2)在菜单栏中选择“绘图”→“文字”→“多行文字”命令，如图 4-11 所示。

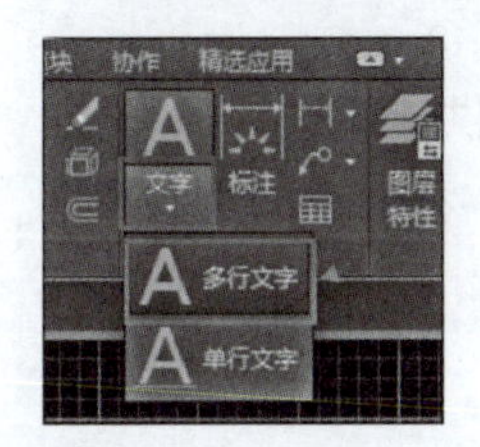

图 4-10　选项卡调用多行文字命令

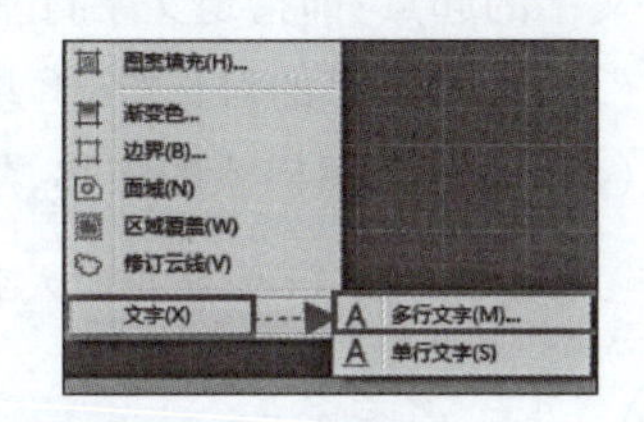

图 4-11　菜单调用多行文字命令

2. 命令的使用

多行文字命令启动后，命令行提示如下：

```
指定第一个角点:          //指定输入文字范围的第一个角点
指定对角点或[高度(H)/对正(J)/行距(L)/旋转(R)/样式(S)/宽度(W)/栏(C)]:
```

指定对角点，或选择对应选项后，将在功能区打开多行文字编辑器。在该编辑器中完成样式、格式、段落、插入等选项的设置，输入文字，即可完成多行文字的插入，如图 4-12 所示。

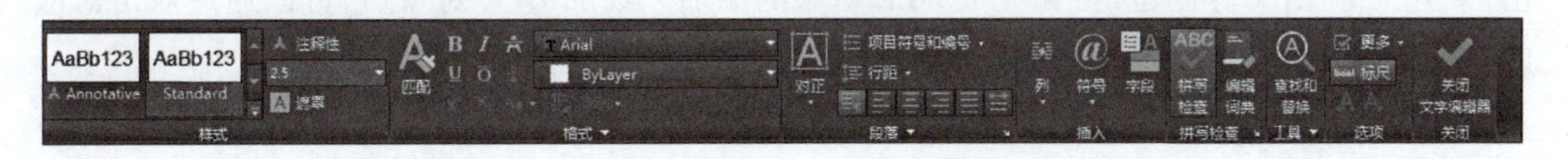

图 4-12　多行文字编辑器

五、单行文字命令

单行文字只有一行，所有文字都具有相同的字体、大小和高度等设置。单行文字也可以通过按【Enter】键或鼠标定位从而创建多行文字，但其中的每一行仍是一个单独的文字对象。

学习笔记

1. 命令的启动

启动单行文字命令有以下方法：

(1)在“默认”选项卡的“注释”面板中单击“文字”→“单行文字”按钮，如图4-13所示。

(2)在菜单栏中选择“绘图”→“文字”→“单行文字”命令，如图4-14所示。

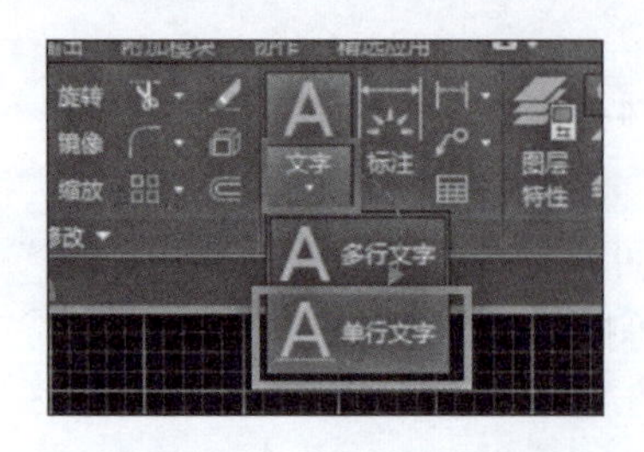

图4-13　选项卡调用单行文字命令

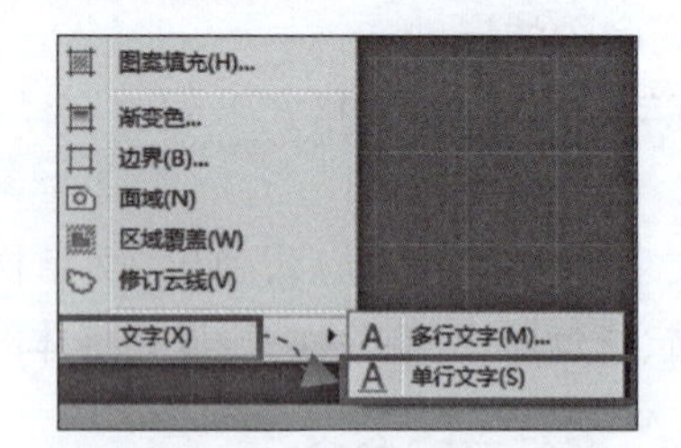

图4-14　菜单调用单行文字命令

2. 命令的使用

单行文字命令启动后，命令行提示如下：

```
指定文字的起点或[对正(J)/样式(S)]:
指定高度<2.5000>:                //输入文字高度
指定文字的旋转角度<0>:            //输入文字旋转角度
```

(1)指定文字的起点：即指定文字行基线的起点位置。

(2)对正(J)：设置文字的对正方式，共有15种选项供选择。

(3)样式(S)：输入文字样式的名称，默认样式为文字样式中的当前样式。

输入文字，即可完成单行文字的输入和设置。

六、插入OLE对象命令

插入OLE对象指在AutoCAD软件中嵌入其他应用程序对象的功能，且允许用户在图纸中直接操作和编辑这些嵌入对象，而不需要打开其他应用程序。

1. 命令的启动

在菜单栏中选择“插入”→“OLE对象”命令，如图4-15所示。

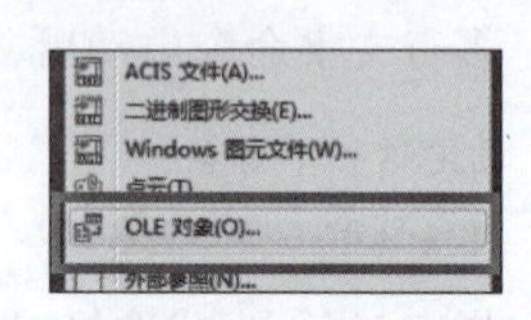

图4-15　菜单调用OLE对象命令

2. 命令的使用

OLE对象命令启动后，弹出“插入对象”对话框，通过单击“新建”或“由文件创建”按钮完成OLE对象的添加。添加OLE对象后，可以通过双击对应的OLE对象进行查看，同时也可以进入相关软件进行编辑、修改等操作。

七、缩放命令

缩放命令可将已有图形对象的比例放大或缩小。缩放时比例因子大于1将放大对象，比例因子介于0和1之间时将缩小对象。

1. 命令的启动

启动缩放命令有以下方法：

学习笔记

(1)在“默认”选项卡的“修改”面板中单击“缩放”按钮,如图4-16所示。

(2)在菜单栏中选择“修改”→“缩放”命令,如图4-17所示。

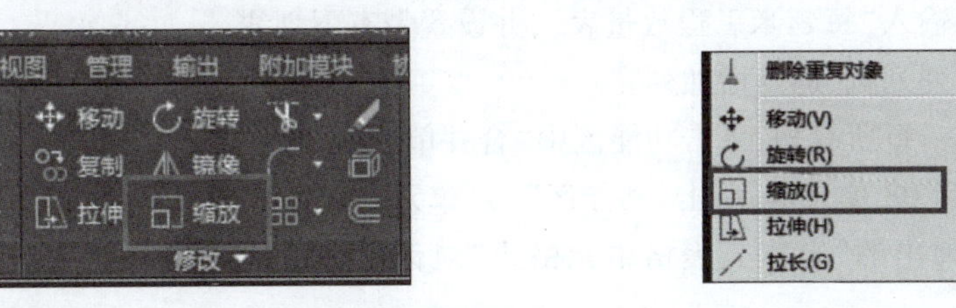

图4-16 选项卡调用缩放命令　　图4-17 菜单调用缩放命令

(3)在命令行中输入SC并按【Enter】键。

2. 命令的使用

缩放命令启动后,命令行提示如下:

```
选择对象:                    //选择进行缩放操作的对象,选择完成后右击
指定基点:                    //指定缩放基点
指定比例因子或[复制(C)/参照(R)]:
```

(1)指定比例因子:输入数值介于0和1之间时表示缩小图形,输入数值大于1时表示放大图形。

(2)复制(C):缩放时保留源对象。

(3)参照(R):指定参照长度,确定新的长度,新的长度与参照长度的比即为缩放比例。

可以这样绘

视频

项目四任务二 可以这样绘

(1)单击“图层”面板中的“图层特性”按钮,新建“表格”图层,颜色设置为绿色,线型设置为Continuous。

(2)选择图层“表格”层,将其置为当前图层。

(3)选择表格样式,单击“修改”按钮,在弹出的“修改表格样式”对话框中进行以下设置:

①标题:文字高度5.5,文字颜色Bylayer,边框线宽Bylayer,边框线型Bylayer,边框颜色Bylayer,选定下框线。

②表头:文字高度4,文字颜色Bylayer,边框线宽Bylayer,边框线型Bylayer,边框颜色Bylayer。

③数据:对齐正中,文字高度4,文字颜色Bylayer,边框线宽Bylayer,边框线型Bylayer,边框颜色Bylayer。

(4)在“默认”选项卡的“注释”面板中单击“表格”按钮,在弹出的“插入表格”对话框中进行以下设置:

①列数3,列宽30。

②数据行数7,行高1。

③第一行单元样式设置为标题。

④第二行单元样式设置为表头。

学习笔记

⑤所有其他行单元样式设置为数据。

⑥设置完成后单击“确定”按钮,在绘图区域单击以指定插入点。

(5)在标题行输入“每延米工程数量表”,并设置带有下划线。

(6)调整第二列列宽,适当增加列宽。

(7)选定最后一行所有列,单击功能区中“合并单元格”按钮。

(8)选中 B3 到 B8 单元格,单击“功能区”→“单元格式”→“数据格式”→“自定义表格单元格式”按钮,在弹出的“自定义表格单元格式”对话框中设置:数据类型为小数,格式为小数,精度 0.000。

(9)选中 C3 到 C8 单元格,在“自定义表格单元格式”对话框中设置:数据类型为小数,格式为小数,精度 0.00。

(10)依次录入文字和数据,即可完成表格的制作。

还可以这样绘

视频

项目四任务二
还可以这样绘

(1)单击“图层”面板中的“图层特性”按钮,新建“表格”图层,颜色设置为绿色,线型设置为 Continuous。

(2)选择图层“表格”层,将其置为当前图层。

(3)在菜单栏中选择“插入”→“OLE 对象”→“新建”命令,对象类型选择 Microsoft Excel 工作表(也可在 Excel 中完成表格的制作并保存,则此处单击“由文件创建”→“浏览”按钮,然后找到文件并打开即可)。

(4)弹出“工作表在 Drawing1. dwg- Excel”对话框,在该对话框中完成标题、表头、数据的制作,并设置格式,添加表格边框线,制作完成后,单击“关闭”按钮。

(5)单击表格,通过表格的四个端点调整表格大小,即可完成表格制作(也可以选择缩放命令,对表格大小进行调整)。

你还可以怎么绘?

同级操练

利用本任务所学的绘图命令,完成题图 4-3、题图 4-4 所示工程数据表的制作。

基础钢筋及混凝土数量表

<table>
<tr><th>钢筋编号</th><th>直径/mm</th><th>长度/m</th><th>根数</th><th>总长/m</th></tr>
<tr><td>1</td><td>ϕ16</td><td>0.79</td><td>6</td><td>4.74</td></tr>
<tr><td>2</td><td>ϕ8</td><td>2.65</td><td>4</td><td>10.60</td></tr>
<tr><td>3</td><td>ϕ8</td><td>3.05</td><td>1</td><td>3.05</td></tr>
<tr><td rowspan="3">钢筋合计/kg</td><td>ϕ16</td><td>7.49</td><td rowspan="3">C25混凝土</td><td rowspan="3">0.38 (m^3)</td></tr>
<tr><td>ϕ8</td><td>5.39</td></tr>
<tr><td colspan="2">12.88</td></tr>
</table>

题图 4-3　制作工程数据表①

学习笔记

悬臂Ⅱ型标志材料数量表

<table>
<tr><th>材料名称</th><th>规格/mm</th><th>单件质量/kg</th><th>件数/件</th><th>质量/kg</th><th>型号</th></tr>
<tr><td>悬臂法兰盘</td><td>ϕ200×20</td><td>19.73</td><td>6</td><td>118.38</td><td>A3</td></tr>
<tr><td>横梁连接螺栓</td><td>M24×80</td><td>0.45</td><td>24</td><td>10.80</td><td>45号</td></tr>
<tr><td>地脚螺栓</td><td>M27×1 200</td><td>5.388</td><td>10</td><td>53.88</td><td>A3</td></tr>
<tr><td>加劲法兰盘</td><td>800×1 000×20</td><td>209.752</td><td>1</td><td>209.75</td><td>A3</td></tr>
<tr><td>底座法兰盘</td><td>800×1 000×20</td><td>125.600</td><td>1</td><td>125.60</td><td>A3</td></tr>
<tr><td rowspan="2">基础钢筋</td><td>ϕ14×2 170</td><td>2.626</td><td>16</td><td>42.02</td><td>HPB300</td></tr>
<tr><td>ϕ8×6 720</td><td>2.654</td><td>5</td><td>13.27</td><td>HPB300</td></tr>
<tr><td rowspan="2">混凝土</td><td>1 800×2 200×200</td><td colspan="3">0.792 m^3</td><td>C25</td></tr>
<tr><td>1 600×2 000×1 800</td><td colspan="3">5.76 m^3</td><td>C25</td></tr>
</table>

题图 4-4　制作工程数据表②

任务三　块的应用

本任务完成图 4-18 所示时钟的制作，制作时可以利用块命令快速完成刻度的制作。块可以将多个对象组合为一个整体，并在不同项目或相同项目之间重复使用，从而提高工作效率，而且还可以确保绘制遵循相同的标准和规范。块还便于修改，当修改块后所有引用块的位置都会自动更新。

图 4-18　制作时钟

任务分析

本任务图形中的圆被粗长线分为 12 段，被细短线分为 60 段，可以使用直线命令和环形阵列命令相结合的方式完成绘制；还可以使用定数等分命令与块命令相结合的方式绘制，通过定数等分命令了解创建块、编辑块的方法。

任务目标

1. 知识目标

（1）掌握创建块的方法；

学习笔记

(2)掌握创建定义属性块的方法;

(3)掌握插入块和编辑块的方法。

2. 能力目标

(1)能够将重复、经常使用的多个对象创建为块,便于组织和管理,模块化绘制图形,更利于提高绘图效率,保持图形的一致性;

(2)能够将数据附着到块上,插入块时,可以为属性指定不同的值,通过运用技巧,有效管理时间,提高绘图速度和效率。

3. 素质目标

(1)培养组织能力和团队协作能力,确保信息的流通和共享,促进职业成长和发展;

(2)具备领导能力,能够清晰、有效地传达信息,合理分配任务,适应不断变化的学习环境和要求,灵活调整学习策略。

绘图准备

绘制本图形需要使用的命令:定数等分、直线、圆、多段线、环形阵列、创建块、创建定义属性块、插入块、编辑块。

前述任务中已学过的命令:定数等分;直线、圆、多段线、环形阵列。

本任务需学习的命令:创建块、创建定义属性块、插入块、编辑块。

一、创建块命令

块是一个或一组图形对象的总称,可以包含线段、圆弧、文字等图元。有需要时直接调用,无须再一个一个绘制,可以提高绘图效率,减少重复性绘图工作。

1. 命令的启动

启动创建块命令有以下方法:

(1)在“默认”选项卡的“块”面板中单击“创建”按钮,如图4-19所示。

(2)在菜单栏中选择“绘图”→“块”→“创建”命令,如图4-20所示。

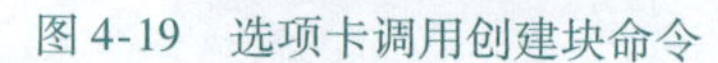
图4-19　选项卡调用创建块命令

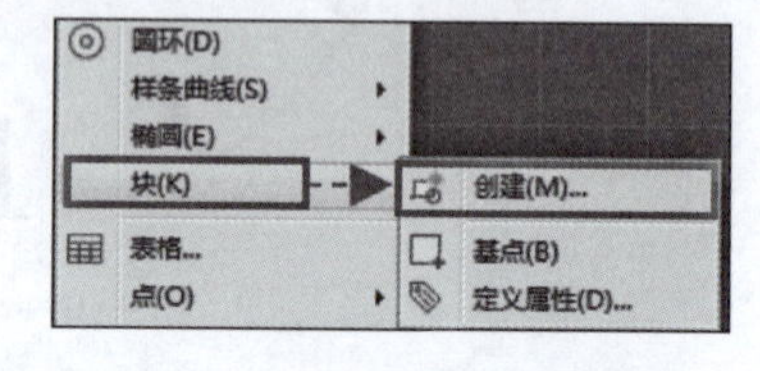

图4-20　菜单调用创建块命令

(3)在命令行中输入B并按【Enter】键。

2. 命令的使用

创建块命令启动后,弹出“块定义”对话框。在对话框中完成名称、基点、设置、对象、方式等参数的设置,单击“确定”按钮即可完成块的创建。

二、创建定义属性块命令

在AutoCAD中定义的块只包含图形信息,但在特殊情况下需要定义块的非图形,如编号、名称等,若这些信息在使用时需要进行改变,通过定义块的属性即可实现。

学习笔记

1. 命令的启动

启动定义属性块命令有以下方法：

（1）在“默认”选项卡的“块”面板中单击“块”按钮右侧的下拉按钮，在下拉列表中选择“定义属性”命令，如图 4-21 所示。

（2）在菜单栏中选择“绘图”→“块”→“定义属性”命令，如图 4-22 所示。

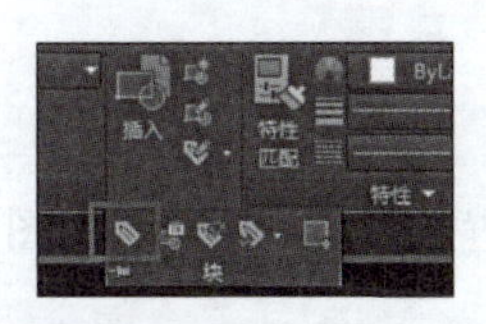

图 4-21　选项卡调用定义属性块命令

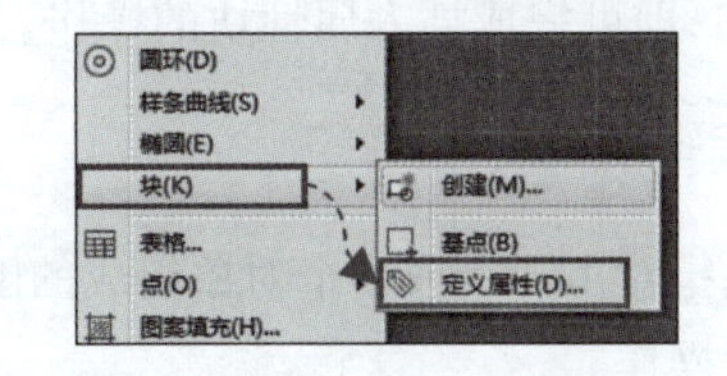

图 4-22　菜单调用定义属性块命令

（3）在命令行中输入 ATT 并按【Enter】键。

2. 命令的使用

定义属性块命令启动后，弹出“属性定义”对话框，在对话框中完成模式、插入点、属性、文字设置等参数的设置，即可完成定义属性块。

完成定义属性后，再把块属性和需要创建块的图形创建为一个块，创建方式与普通块相同。

三、插入块命令

插入块是指将预先定义好的图形对象（可以是多个图形对象的组合）作为一个整体插入到当前图形文件的过程，块可以反复插入和编辑。

1. 命令的启动

启动插入块命令有以下方法：

（1）在“默认”选项卡的“块”面板中单击“插入”按钮，如图 4-23 所示。

（2）在菜单栏中选择“插入”→“块”命令，如图 4-24 所示。

图 4-23　选项卡调用插入块命令

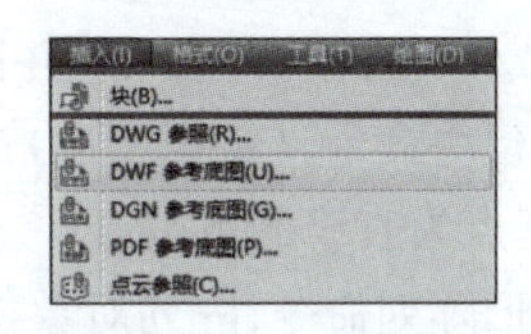

图 4-24　菜单调用插入块命令

（3）在命令行中输入 I 并按【Enter】键。

2. 命令的使用

选择插入块命令后，弹出“插入”对话框，在对话框中完成块名称、路径、插入点、比例、旋转、分解等设置，单击“确定”按钮即可完成插入块。

选择功能区中的“插入块”命令，单击“插入”按钮，弹出本文件中所创建的块及其预览图，单击所需插入的块，命令行提示如下：

```
指定插入点或[基点(B)/比例(S)/XYZ 旋转(R)]:
```

学习笔记

(1)指定插入点:指定块的插入点。

(2)基点(B):指定基点。

(3)比例(S):指定插入块的缩放比例。

(4)XYZ 旋转(R):指定插入块的旋转角度。

如果插入的是属性块,将弹出“编辑属性”对话框,在对话框中完成对块的编辑,然后单击“确定”按钮,即可完成插入属性块的操作。

四、编辑块命令

编辑块指对由一个或多个对象组成的图形块进行设置的过程,包括增加图形、修改图形、删除图形等操作。

1. 命令的启动

(1)双击块。在绘制区域找到需要编辑的块并双击,在弹出的对话框中选择要编辑的块,然后单击“确定”按钮即可编辑块。

(2)命令行输入命令。在命令行中输入 BE 并按【Enter】键,在弹出的对话框中选择要编辑的块,单击“确定”按钮即可编辑块。

(3)快捷菜单调用。先单击要编辑的块,然后再右击,在弹出的快捷菜单中选择“块编辑器”命令即可对块进行编辑。

2. 命令的使用

在块编辑器中,可以添加、删除或修改块的图形元素。完成块的编辑后,关闭块编辑器并保存修改,即可看到图形块已被修改。

实操贴士

可以这样绘

视频

项目四任务三
可以这样绘

(1)选择圆命令,在绘图区域任意位置单击以指定圆心,圆半径输入 50 并按【Enter】键。

(2)选择直线命令:

①起点捕捉圆的左侧象限点。

②向右引出水平追踪线,输入 6 并按【Enter】键。

(3)选择创建块命令,(根据用途)命令为 duanx,块对象选择步骤(2)所绘直线,选择“转换为块”选项,基点为直线的下端点。

(4)选择环形阵列命令,阵列对象选择步骤(3)所创建块,阵列中心点为圆心,项目数为 60,填充角度为 360°,完成块的阵列。

(5)选择多段线命令:

①命令行提示“指定起点:”时,捕捉圆的左侧象限点。

②在命令行中选择“宽度(W)”选项,起点宽度、端点宽度均设置为 3。

③向右引出水平追踪线,输入 12 并按【Enter】键。

(6)选择创建块命令,命名为 changx,块对象选择步骤(5)所绘多段线,选择“转换为块”选项,基点为直线的下端点。

(7)选择环形阵列命令,阵列对象选择步骤(6)所创建块,阵列中心点为圆心,项目数为 12,填充角度为 360°,完成块的阵列。

(8)选择多段线命令:
①命令行提示“指定起点:”时,捕捉圆的圆心。
②在命令行中选择“宽度(W)”选项,起点宽度为3,端点宽度为0。
③向右引出水平追踪线,输入14并按【Enter】键(绘制时针)。
(9)选择多段线命令或按【Enter】键:
①命令行提示“指定起点:”时,捕捉圆的圆心。
②在命令行中选择“宽度(W)”选项,起点宽度为3,端点宽度为0。
③向上引出垂直追踪线,输入20并按【Enter】键(绘制分针)。
(10)使用直线命令,第一个点为圆心,第二个点任意指定(绘制秒针)。

还可以这样绘

(1)选择圆命令,在绘图区域任意位置单击以指定圆心,圆半径输入50并按【Enter】键。
(2)选择直线命令:
①第一点为圆附近的任意点。
②向下引出垂直追踪线,输入6并按【Enter】键。
(3)选择多段线命令:
①在步骤(2)所绘直线附近任意位置指定起点。
②在命令行选择“宽度(W)”,起点、端点宽度均为3。
③向下引出垂直追踪线,输入12并按【Enter】键。
(4)在命令行中输入B(创建块命令),命名为duanx,块对象选择步骤(2)所绘直线,选择“转换为块”命令,基点为直线的下端点。
(5)在命令行中输入B或按【Enter】键,命名为changx,块对象选择步骤(3)所绘多段线,选择“转换为块”命令,基点为多段线的下端点。
(6)选择定数等分命令:
①定数等分对象选择圆。
②在命令行中选择“块(B)”选项。
③输入块名duanx并按【Enter】键。
④命令行提示“是否对齐块和对象:”时,选择“是(Y)选项”(也可直接按【Enter】键,默认提示为“是(Y)”,按【Enter】键表示选择该选项)。
⑤输入线段数目60。
(7)选择定数等分命令或按【Enter】键:
①定数等分对象选择圆。
②在命令行中选择“块(B)”选项。
③输入块名changx并按【Enter】键。
④命令行提示“是否对齐块和对象:”时,选择“是(Y)”或按【Enter】键。
⑤输入线段数目12。
(8)选择多段线命令:
①命令行提示“指定起点”时,捕捉圆的圆心。
②在命令行中选择“宽度(W)”选项,起点宽度为3,端点宽度为0。
③向右引出水平追踪线,输入14并按【Enter】键(绘制时针)。

学习笔记

视频
项目四任务三
还可以这样绘

学习笔记

(9)选择多段线命令或按【Enter】键:

①命令行提示“指定起点:”时,捕捉圆的圆心。

②在命令行中选择“宽度(W)”选项,起点宽度为3,端点宽度为0。

③向上引出垂直追踪线,输入20并按【Enter】键(绘制分针)。

(10)使用直线命令,第一个点为圆心,第二个点任意指定(绘制秒针)。

你还可以怎么绘?

同级操练

利用本任务所学的绘图命令,完成题图4-5、题图4-6图形的绘制。

题图4-5 绘制图形①

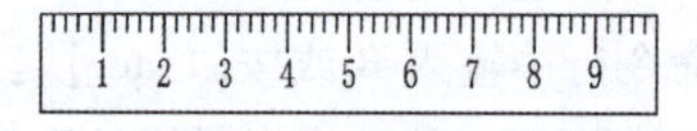

题图4-6 绘制图形②

实践篇

党的二十大报告指出：“青年强，则国家强。当代中国青年生逢其时，施展才干的舞台无比广阔，实现梦想的前景无比光明。”

对于新时代的大学生，机遇与挑战并存，通过实践，可以提高职业素养；通过跨学科实践，可以提升竞争素质，拓展就业途径，把握机会，实现自己的理想，为实现中国梦而奋斗！

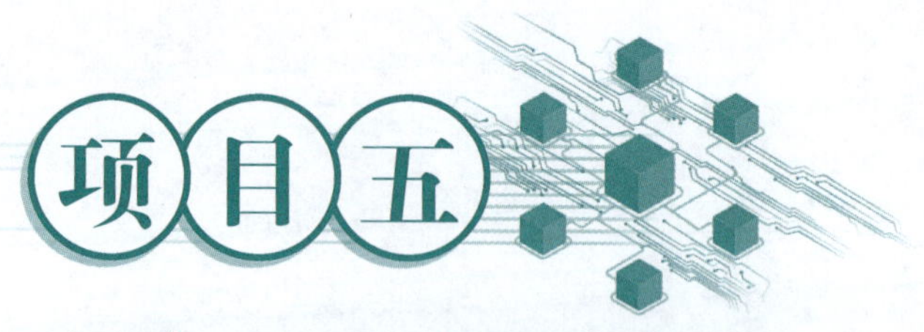

公路工程制图实战

学习笔记

项目说

随着计算机技术的迅速发展和交通建设中新技术、新工艺、新材料、新设备的不断涌现,计算机技术与市政、道路交通建设的结合越来越紧密,特别是在工程勘测设计阶段,计算机辅助设计已经成为不可或缺的技术手段。同时,计算机的普及也促进了 AutoCAD 在市政、道路等工程设计中的广泛应用,越来越多的人认识到 AutoCAD 在土木工程建设中的重要性和便捷性,AutoCAD 也成为交通建设专业的一门主要技术基础课程。

交通建设行业发展的趋势要求从业人员必须学习并熟练掌握使用 AutoCAD 绘图的相关知识和操作技能。

任务一　路面结构设计图的绘制

本任务绘制的路面结构设计图(见图 5-1)主要用于道路的横断面图形中,表达路基路面的内部结构或使用材质,以及边坡、排水沟、挡墙等构造物的位置和尺寸,使用图案填充命令和标注注释表达路面的不同结构材质。

任务分析

本任务主要考查直线、偏移、填充、折断线、引线标注、文本和尺寸标注等命令的操作。图形中的路面结构可以使用偏移命令进行绘制。

图例中的图案填充应该与图形中的图案填充有对应关系,图案的选择应参照道路工程制图的相关规范。

任务目标

1. 知识目标

(1)掌握直线命令的操作方法;

(2)掌握偏移命令的操作方法;

学习笔记

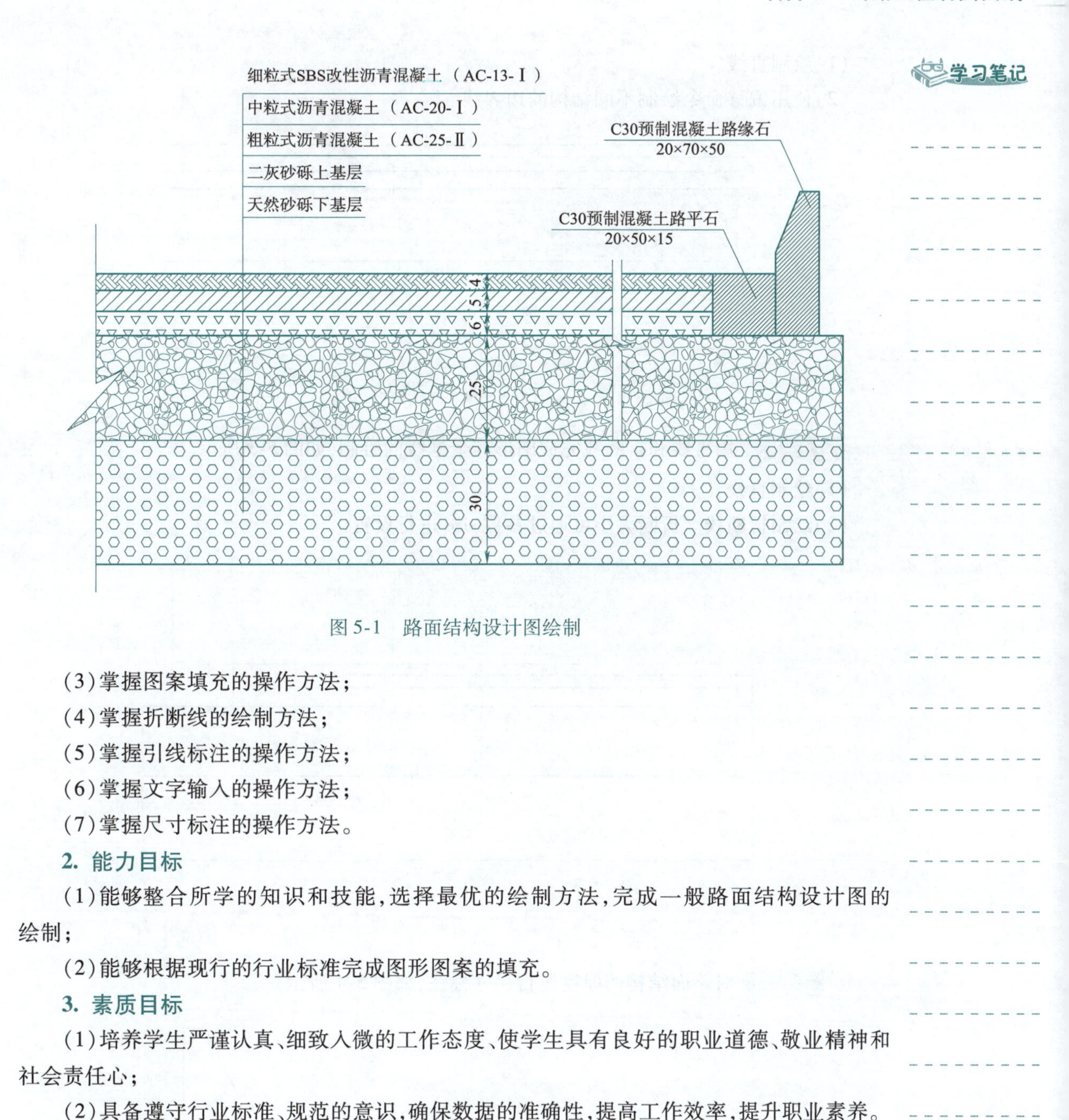

图5-1　路面结构设计图绘制

(3)掌握图案填充的操作方法；

(4)掌握折断线的绘制方法；

(5)掌握引线标注的操作方法；

(6)掌握文字输入的操作方法；

(7)掌握尺寸标注的操作方法。

2. 能力目标

(1)能够整合所学的知识和技能，选择最优的绘制方法，完成一般路面结构设计图的绘制；

(2)能够根据现行的行业标准完成图形图案的填充。

3. 素质目标

(1)培养学生严谨认真、细致入微的工作态度、使学生具有良好的职业道德、敬业精神和社会责任心；

(2)具备遵守行业标准、规范的意识，确保数据的准确性，提高工作效率，提升职业素养。

难点点拨

(1)图案填充时图案的选择应参照道路工程制图的相关规范。

(2)图案填充中填充的比例要恰当，否则不能达到满意的填充效果。

实操贴士

主要操作步骤

步骤一　绘制路面的不同结构界线，如图5-2所示。

视频

路面结构设计图的绘制

学习笔记

(1)绘制直线。

(2)使用偏移命令绘制不同结构的边界线。

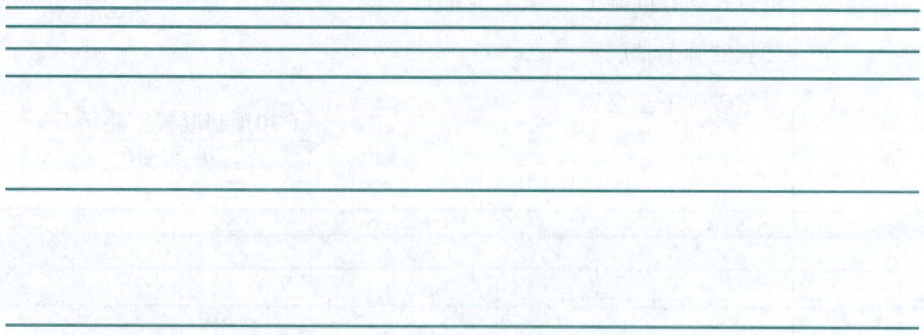

图 5-2　路面结构界线

步骤二　用直线和折断线完成图形其余框线的绘制,如图 5-3 所示。

(1)绘制直线。

(2)绘制折断线。折断大小可通过参数 size 进行设置。

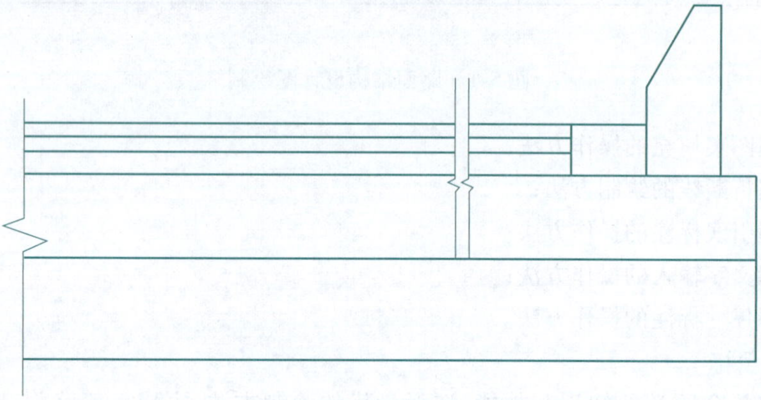

图 5-3　折断及框线

步骤三　对路面结构的厚度进行尺寸标注,如图 5-4 所示。

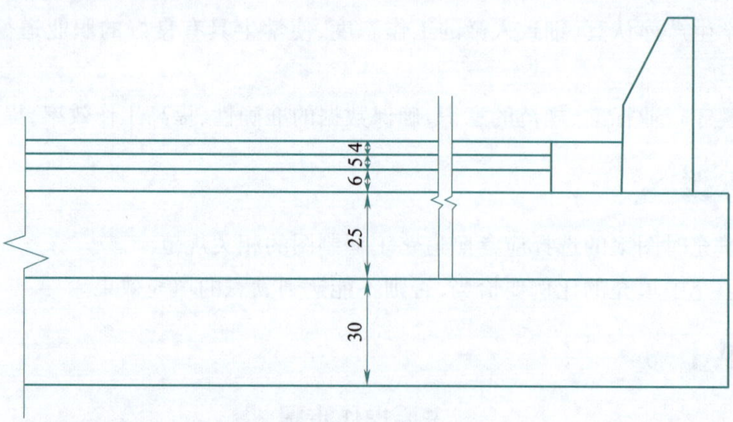

6 5 4

25

30

图 5-4　标注厚度

学习笔记

步骤四 对路面结构的各个部分进行相应的图案填充，如图 5-5 所示，绘制过程中应注意的事项如下：

（1）填充图案时选择不同的图案，填充的比例要设置恰当，否则过于稀疏或过于密集都不能达到满意的填充效果。

（2）路面结构材料和填充图案的选择应参照相关道路设计规范的要求。

（3）如尺寸标注的文字被填充的图案遮住，可在标注样式中将“文字”选项卡“文字外观”中的“填充颜色”设置为背景。

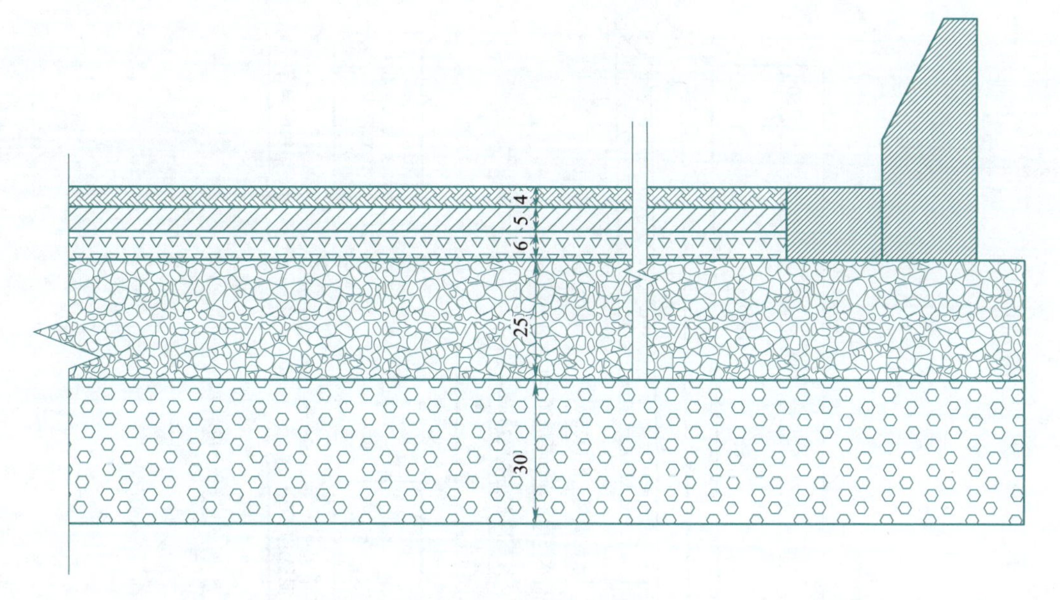

图 5-5　路面结构图案填充

步骤五 使用引线标注命令对图形添加注释，得到图 5-1 所示路面结构设计图。

同线操练

综合利用所学绘图命令，完成题图 5-1、题图 5-2 所示路面结构设计图的绘制。

任务二　路基路面排水工程设计图的绘制

本任务绘制的路基路面排水工程设计图（见图 5-6）主要用于在道路的路基路面两侧设置边沟、排水沟、截水沟等排水工程，作用是能将路基路面的积水及时排出，保证车辆的正常行驶。

学习笔记

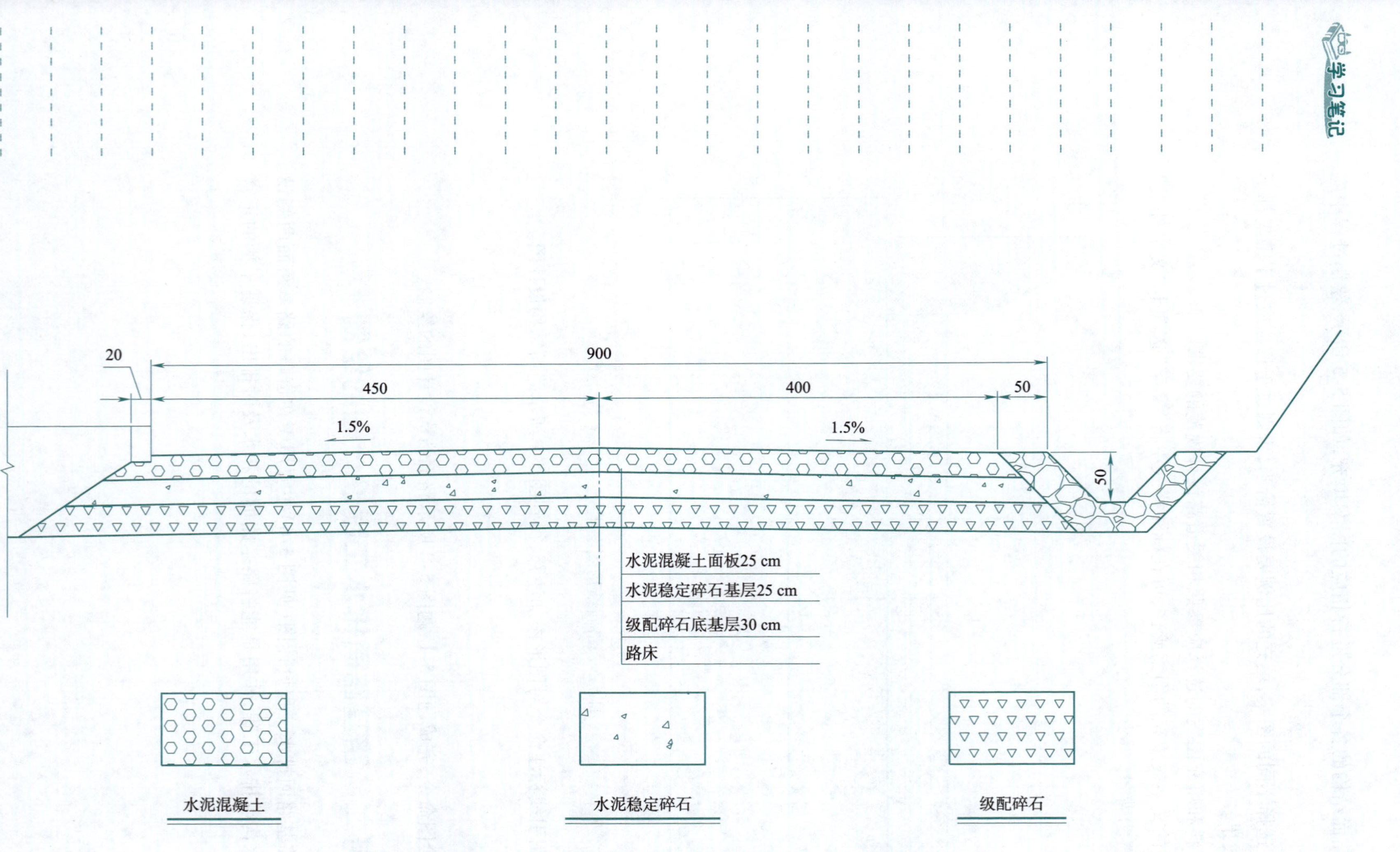

题图5-1　绘制路面结构设计图

学习笔记

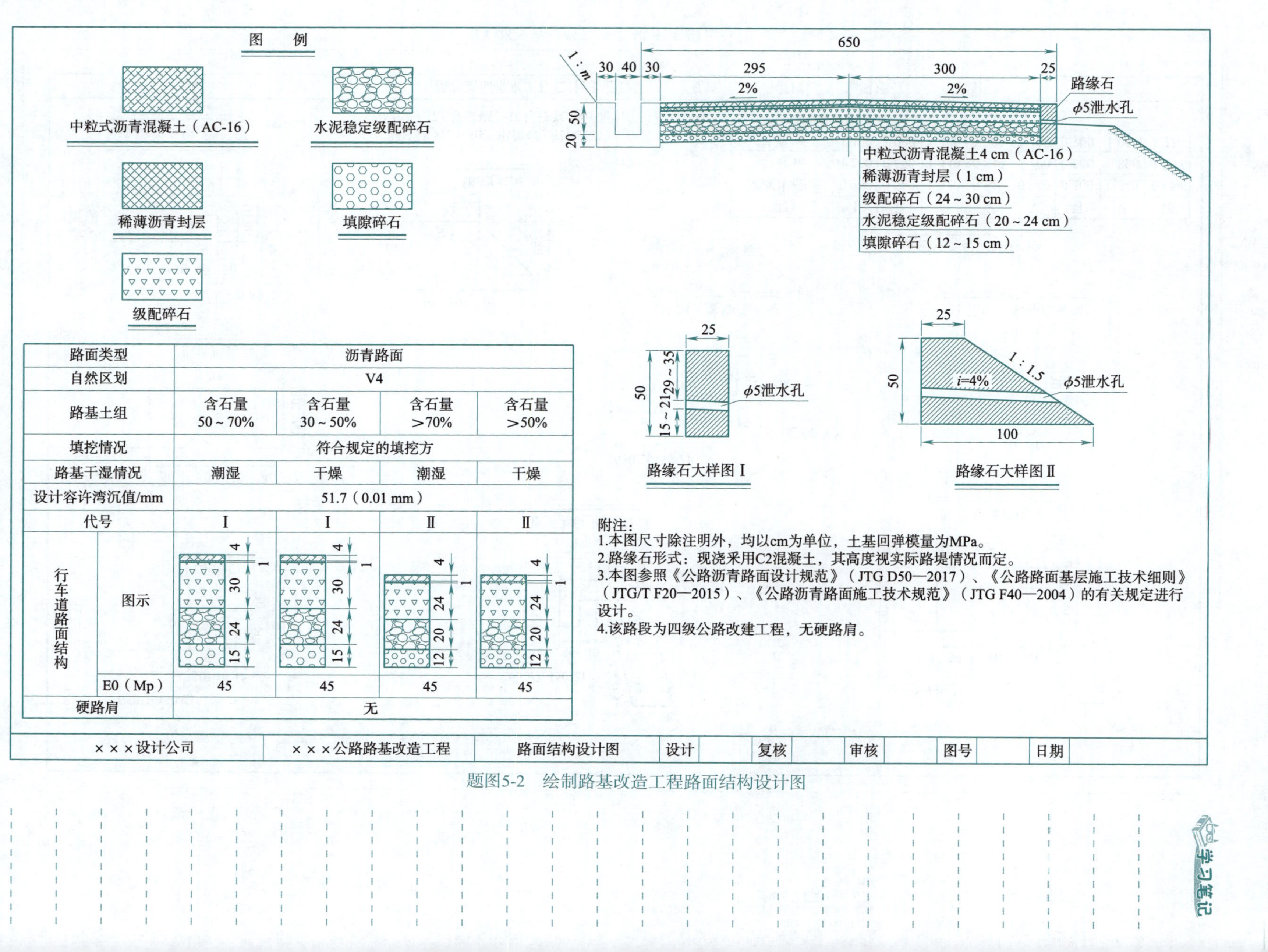

路面类型		沥青路面			
自然区划		V4			
路基土组		含石量 50～70%	含石量 30～50%	含石量 >70%	含石量 >50%
填挖情况		符合规定的填挖方			
路基干湿情况		潮湿	干燥	潮湿	干燥
设计容许湾沉值/mm		51.7（0.01 mm）			
代号		Ⅰ	Ⅰ	Ⅱ	Ⅱ
行车道路面结构	图示	4 / 1 / 30 / 24 / 15	4 / 1 / 30 / 24 / 15	4 / 1 / 24 / 20 / 12	4 / 1 / 24 / 20 / 12
	E0（Mp）	45	45	45	45
硬路肩		无			

附注：
1.本图尺寸除注明外，均以cm为单位，土基回弹模量为MPa。
2.路缘石形式：现浇采用C2混凝土，其高度视实际路堤情况而定。
3.本图参照《公路沥青路面设计规范》（JTG D50—2017）、《公路路面基层施工技术细则》（JTG/T F20—2015）、《公路沥青路面施工技术规范》（JTG F40—2004）的有关规定进行设计。
4.该路段为四级公路改建工程，无硬路肩。

×××设计公司	×××公路路基改造工程	路面结构设计图	设计		复核		审核		图号		日期	

题图5-2　绘制路基改造工程路面结构设计图

学习笔记

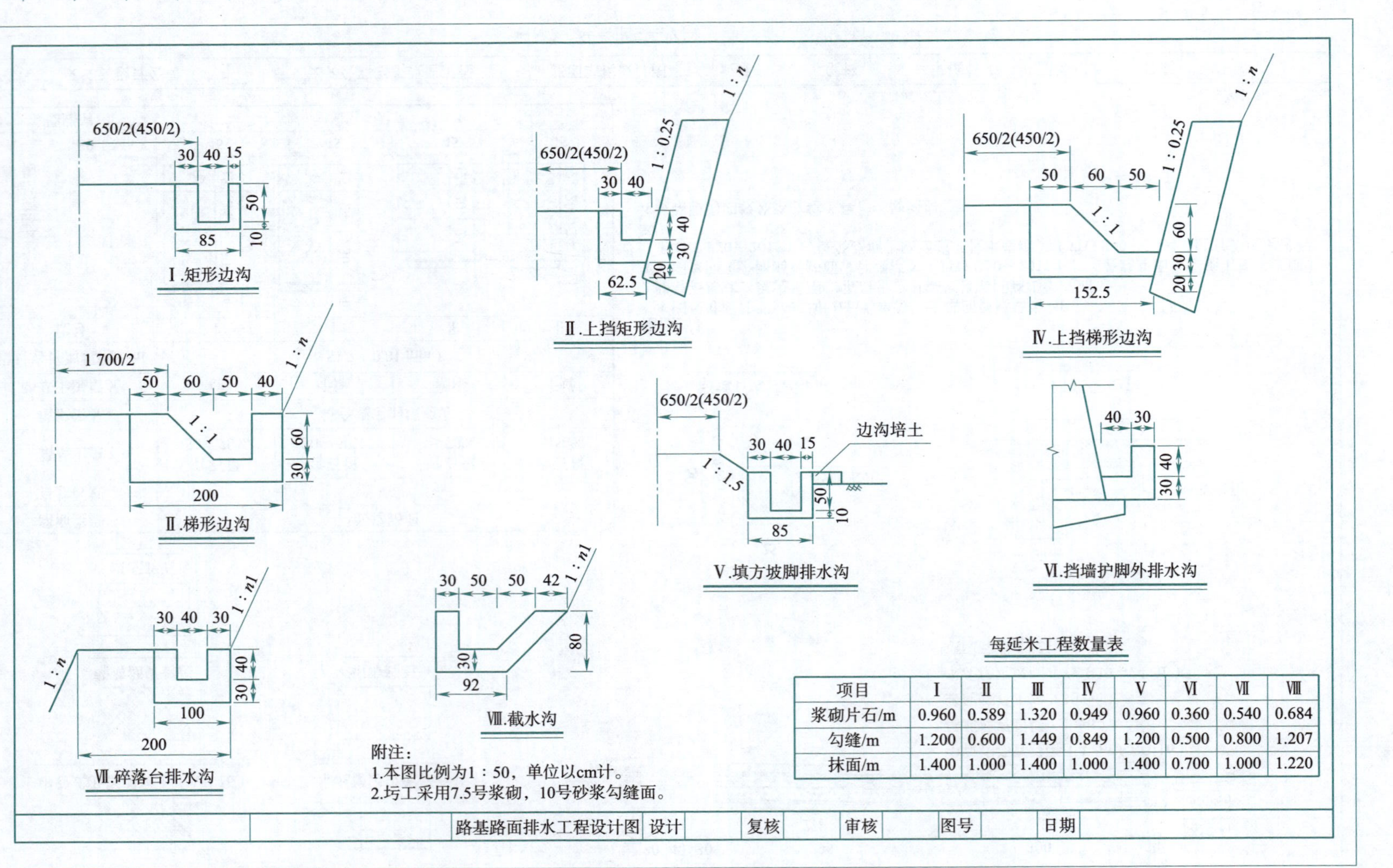

项目	Ⅰ	Ⅱ	Ⅲ	Ⅳ	Ⅴ	Ⅵ	Ⅶ	Ⅷ
浆砌片石/m	0.960	0.589	1.320	0.949	0.960	0.360	0.540	0.684
勾缝/m	1.200	0.600	1.449	0.849	1.200	0.500	0.800	1.207
抹面/m	1.400	1.000	1.400	1.000	1.400	0.700	1.000	1.220

图5-6 路基路面排水工程设计图

学习笔记

任务分析

本任务主要使用多段线和偏移命令绘制主要图形，任务中的边沟、排水沟、截水沟等图形尽量使用多段线命令绘制，即可直接用偏移命令复制出对应图形，提高绘图效率。

绘图时需要注意坡比的绘制和标注。

任务目标

1. 知识目标

(1)掌握矩形命令的操作方法；

(2)掌握更改直线命令的操作方法；

(3)掌握折断线的绘制方法；

(4)掌握更改图层的操作方法；

(5)掌握多段线的绘制方法；

(6)掌握文字命令的操作方法；

(7)掌握表格的绘制方法。

2. 能力目标

(1)能够整合所学的知识和技能，选择最优的绘制方法，完成路基路面排水工程设计图的绘制；

(2)能够熟练使用标注命令，清晰、准确、完整地标注尺寸，有效表达图形的尺寸信息。

3. 素质目标

(1)具备严谨认真的学习态度和工作态度，注意细节，力求精确，具有良好的敬业精神；

(2)具备终身学习的能力，不断努力学习，不断追求个人和职业的发展。

难点点拨

(1)路基中心线的线型为点画线。

(2)折断线的绘制大小应合理，可以使用折断线命令进行绘制。

实操贴士

主要操作步骤

步骤一 使用直线命令绘制矩形边沟，如图 5-7 所示。

步骤二 使用直线命令绘制上挡矩形边沟，1∶0. 25 的坡度比为高差和平距的比值，长度取适当即可，如图 5-8 所示。

视频

路基路面排水工程设计图的绘制

步骤三 使用直线命令绘制梯形边沟，边沟深度 1∶1 为边沟高度和宽度的比值，如图 5-9 所示。

步骤四 使用直线命令绘制上挡梯形边沟，如图 5-10 所示。

学习笔记

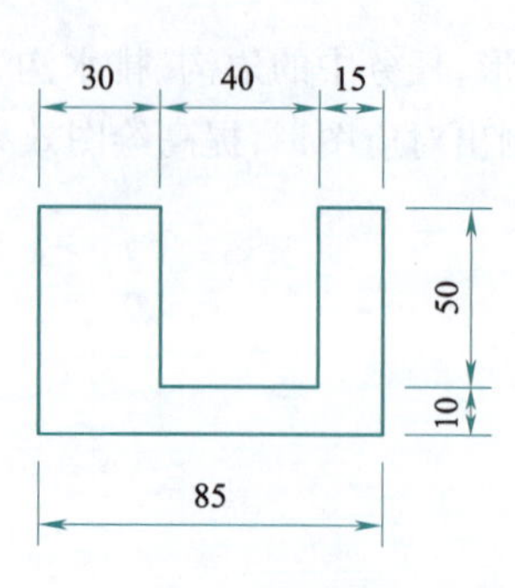

图 5-7　矩形边沟

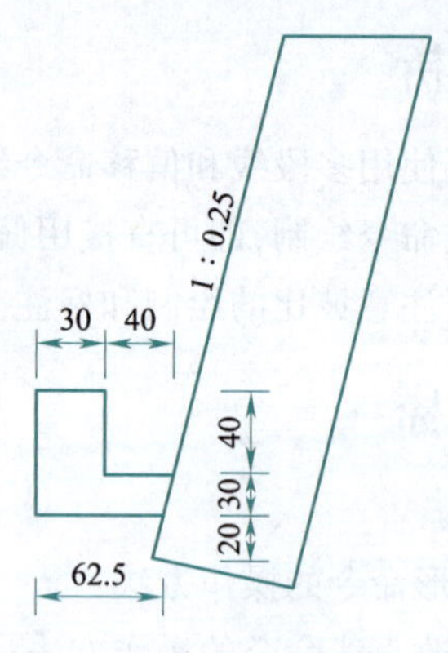

图 5-8　上挡矩形边沟

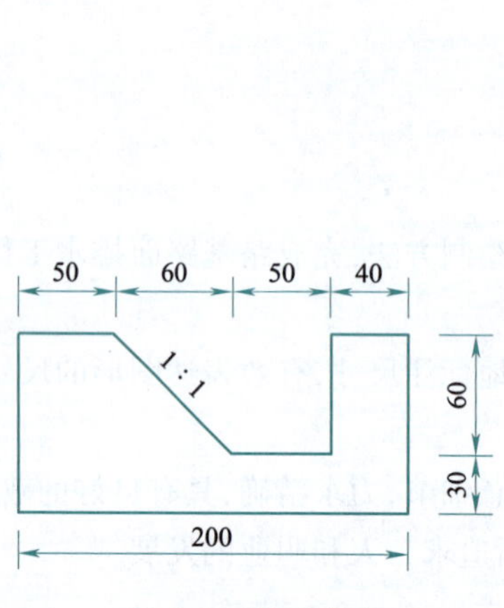

图 5-9　梯形边沟

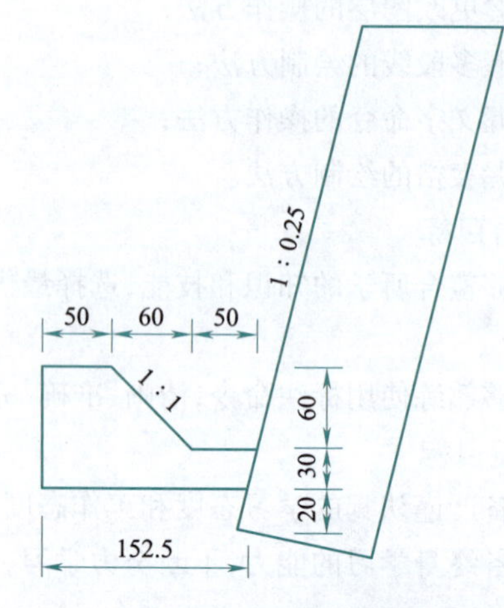

图 5-10　上挡梯形边沟

步骤五 使用直线命令绘制填方坡脚排水沟，地面线符号用直线绘制示意即可，如图 5-11 所示。

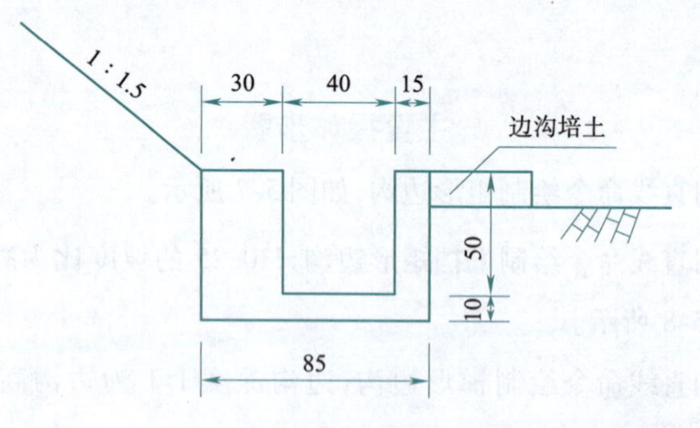

图 5-11　填方坡脚排水沟

步骤六 使用直线命令绘制挡墙护脚外排水沟。折断线符号可以使用 Breakline 命令绘制，参数 size 控制折断符号大小，标注尺寸按规定绘制，其余部分取适当长度即可，如图 5-12 所示。

学习笔记

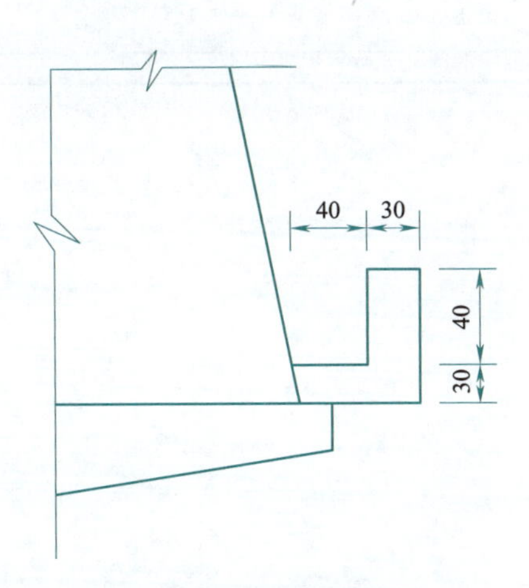

图 5-12　挡墙护脚外排水沟

步骤七 使用多段线、偏移和直线命令绘制碎落台排水沟，如图 5-13 所示。

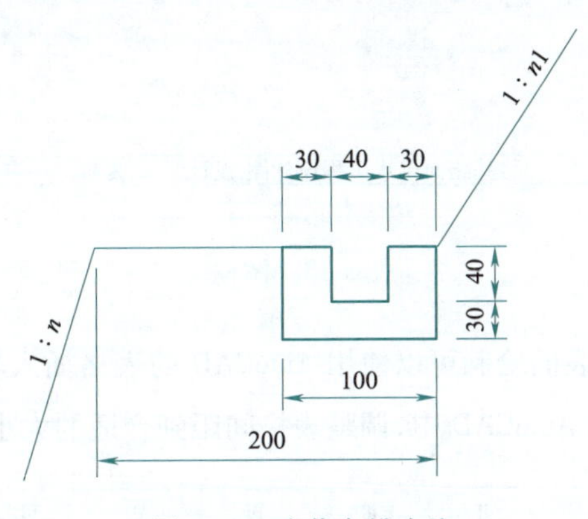

图 5-13　碎落台排水沟

步骤八 使用多段线、偏移和直线命令绘制截水沟，如图 5-14 所示。

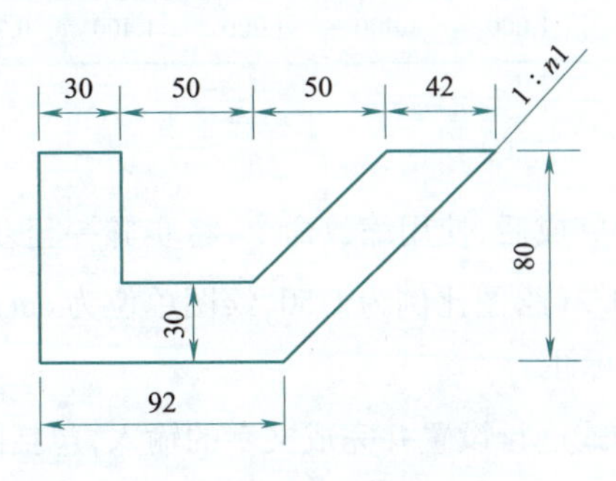

图 5-14　截水沟

步骤九 按相关制图规范绘制 A3 图框。A3 纸横向大小为 420 mm×297 mm，图框左侧预留装订线 30 mm（也可留 20～30 mm），其余三边预留 10 mm，图框会签栏横向分隔线距离图框下边缘高度为 10 mm，签字栏长度预留 25 mm，名称栏长度预留 15 mm，单位名称、工程名、图名栏的长度可按相关规范或实际情况进行预留，如图 5-15 所示。

学习笔记

路基路面排水工程设计图　设计　复核　审核　图号　日期

图 5-15　图框

步骤十 工程数量表的绘制可以使用 AutoCAD 的表格插入功能完成，也可以在 Excel 中完成表格的创建，插入到 AutoCAD 中，调整表格间距到合适的大小，如图 5-16 所示。

项目	Ⅰ	Ⅱ	Ⅲ	Ⅳ	Ⅴ	Ⅵ	Ⅶ	Ⅷ
浆砌片石/m	0.960	0.589	1.320	0.949	0.960	0.360	0.540	0.684
勾缝/m	1.200	0.600	1.449	0.849	1.200	0.500	0.800	1.207
抹面/m	1.400	1.000	1.400	1.000	1.400	0.700	1.000	1.220

图 5-16　工程数量表

步骤十一 绘制图形完成后，使用缩放命令，将步骤一至步骤八所绘图形按图示比例进行缩放，比例因子设置为 0.2（绘图比例为 1:50，绘图单位为 cm），对缩放后的图形位置进行适当调整和布局并进行尺寸标注。

步骤十二 对文字样式进行设置并完成文字的输入，包括图形的注释部分、图名、会签栏等。

同级操练

综合利用所学绘图命令，完成题图 5-3、题图 5-4 所示设计图的绘制。

学习笔记

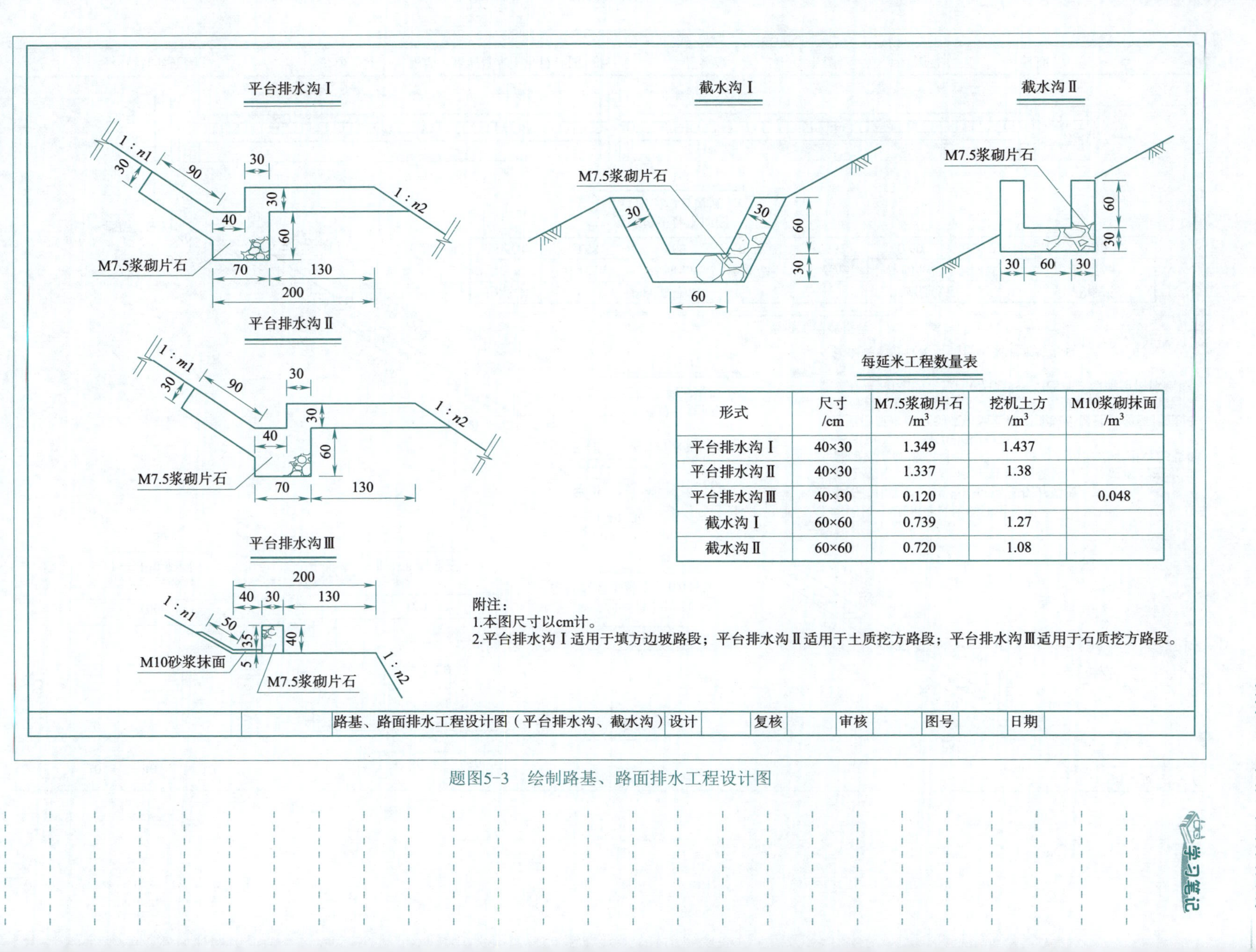

每延米工程数量表

形式	尺寸/cm	M7.5浆砌片石/m^3	挖机土方/m^3	M10浆砌抹面/m^3
平台排水沟Ⅰ	40×30	1.349	1.437	
平台排水沟Ⅱ	40×30	1.337	1.38	
平台排水沟Ⅲ	40×30	0.120		0.048
截水沟Ⅰ	60×60	0.739	1.27	
截水沟Ⅱ	60×60	0.720	1.08	

题图5-3　绘制路基、路面排水工程设计图

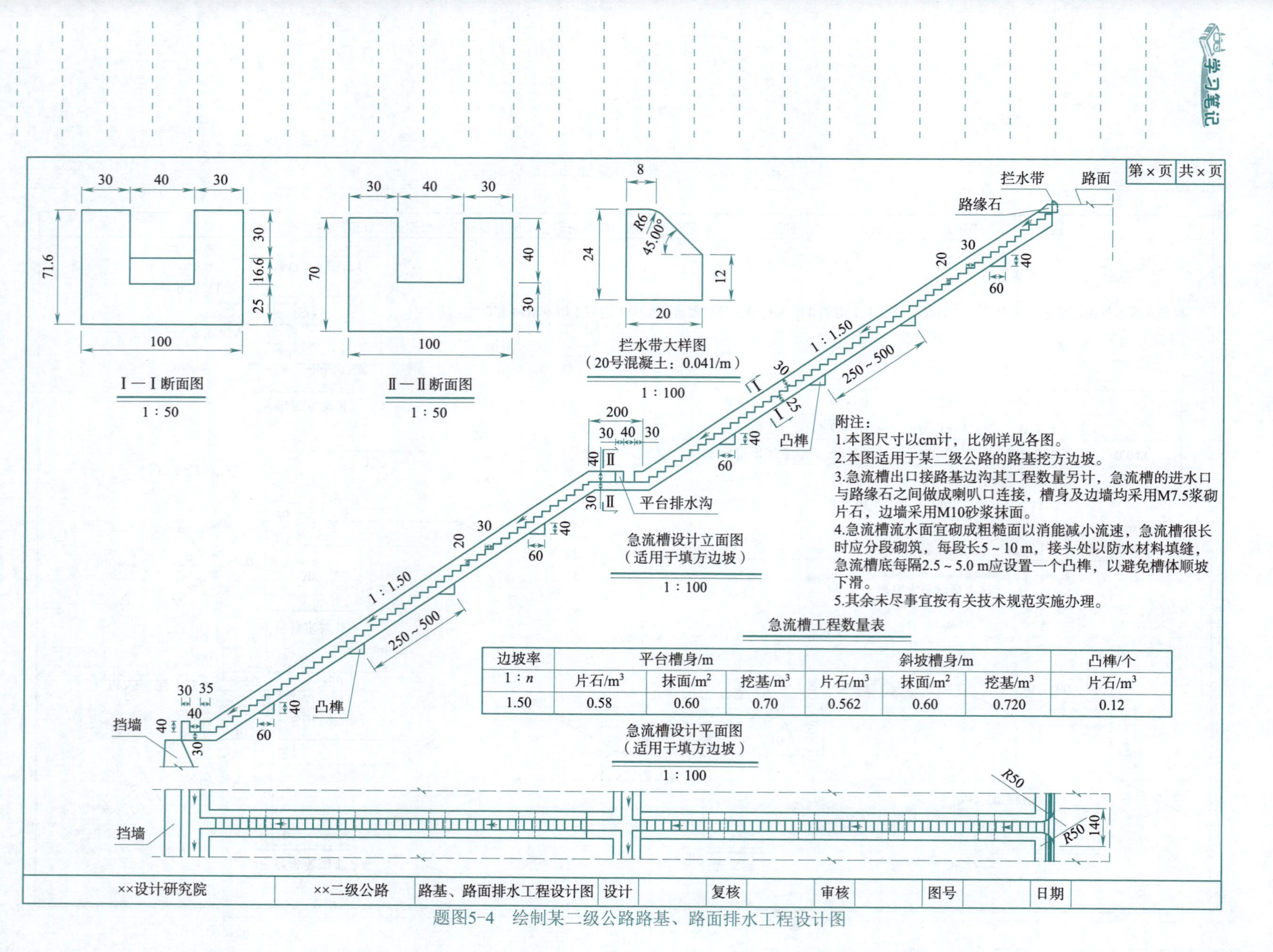

边坡率	平台槽身/m			斜坡槽身/m			凸榫/个
1∶n	片石/m^3	抹面/m^2	挖基/m^3	片石/m^3	抹面/m^2	挖基/m^3	片石/m^3
1.50	0.58	0.60	0.70	0.562	0.60	0.720	0.12

题图5-4 绘制某二级公路路基、路面排水工程设计图

学习笔记

任务三　道路交叉口平面图的绘制

本任务绘制城市道路T形平面交叉口布置图(见图5-17),绘制内容包括机动车道、非机动车道、交通标志标线、人行横道、绿化带、指路标志牌、指示标志牌、交通信号灯等。本任务的绘制依据是现行的行业相关标准、规范、规程。

任务分析

任务中的道路交叉口为T形道路平面交叉口,主干道为双向四车道,路面宽度为33.5 m,支路为双向四车道。绘制完成一个方向的道路后可使用阵列命令复制出其他两个方向的道路,提高绘图效率。

对于图中的不同线宽,可以使用多段线命令,或通过图层对线宽进行控制。

任务目标

1. 知识目标

(1)掌握直线命令的操作方法;

(2)掌握多段线的绘制方法;

(3)掌握图层的操作方法;

(4)掌握偏移命令的操作方法;

(5)掌握引线标注的操作方法;

(6)掌握矩形的绘制方法;

(7)掌握圆角的绘制方法。

2. 能力目标

(1)能够整合所学的知识和技能,完成道路交叉口平面图的绘制;

(2)能够根据现行的行业标准、规范、规程,分层绘制图纸;

(3)能够按照绘制比例绘制图纸,确保数据和图形准确、清晰。

3. 素质目标

(1)培养学生严谨认真、细致入微的工作态度,使学生具有良好的职业道德、敬业精神和社会责任心;

(2)培养学生的团队合作和沟通能力,确保信息流通和共享,提高工作效率,促进职业成长和发展。

难点点拨

(1)该类图形绘图难度较低,但绘图操作较为烦琐,绘制时要分清线型及各条行车道的偏移距离。

(2)交通标志牌水平绘制完成后再旋转到与路面垂直。

学习笔记

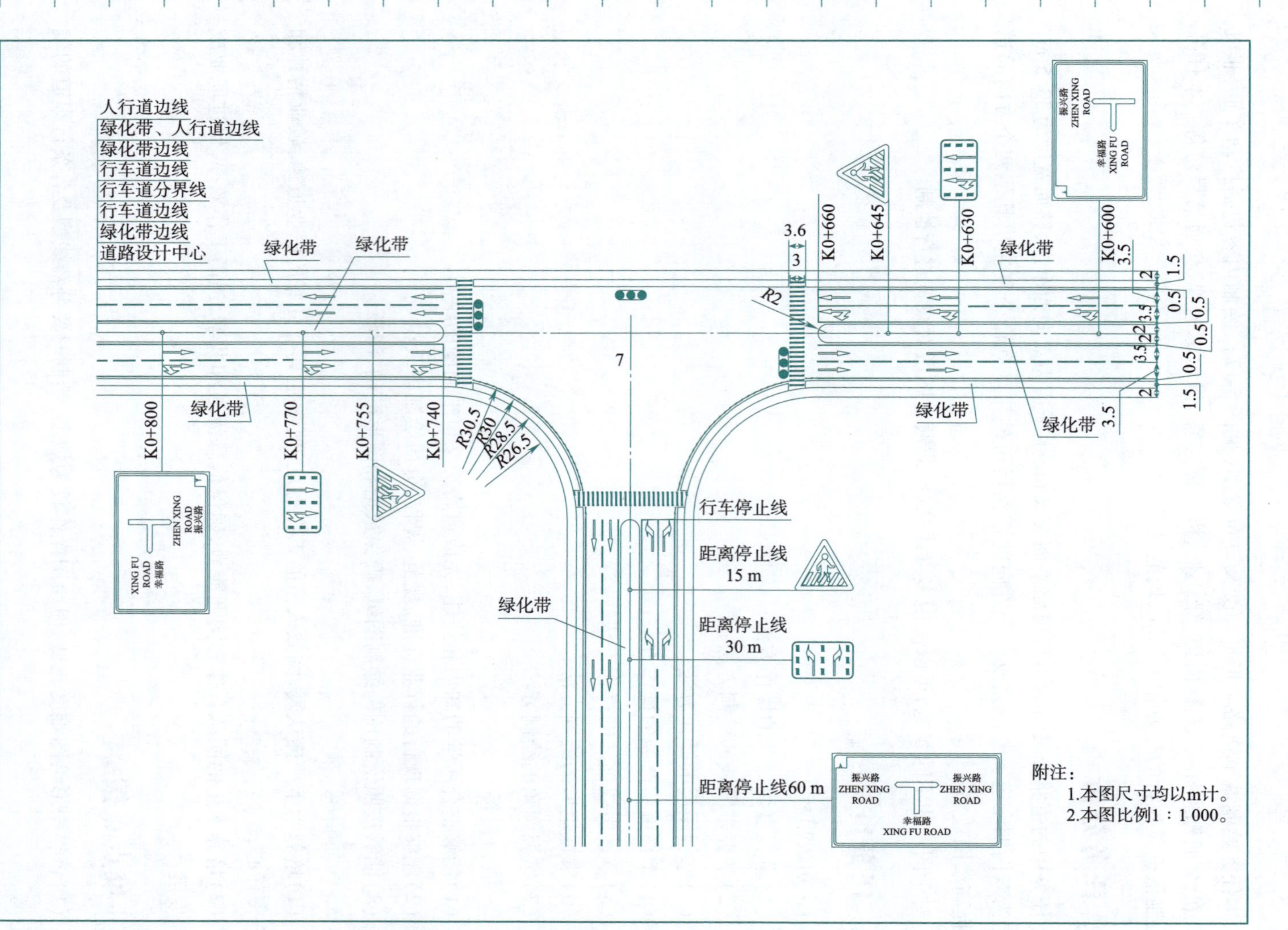

图5-17　绘制城市道路T形平面交叉口布置图

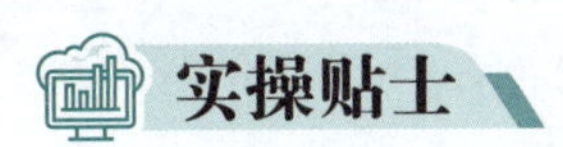

学习笔记

视频

道路交叉口平面图的绘制

主要操作步骤

步骤一 创建图层并设置参数，如图 5-18 所示。

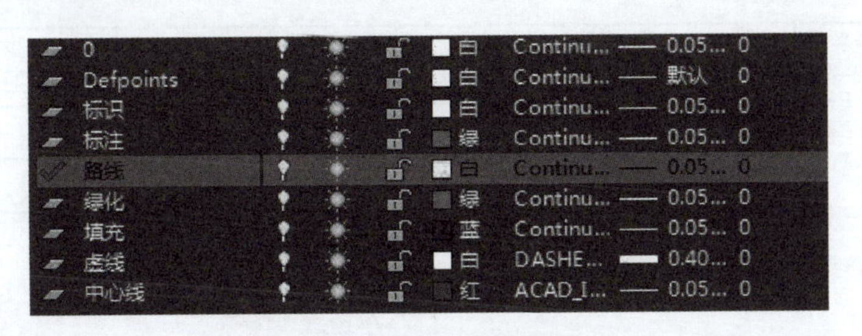

图 5-18 创建并设置图层

步骤二 在“中心线”层绘制图形的水平和垂直中心线，长度适当即可。

步骤三 使用多段线命令绘制 T 形路口右侧机动车车道边线（包括道路靠近绿化带的边线），线宽可设置为 0. 5 mm，同向车道偏移距离为 7，绿化带间的偏移距离为 5，停车带实线偏移距离为 3. 5，如图 5-19 所示。

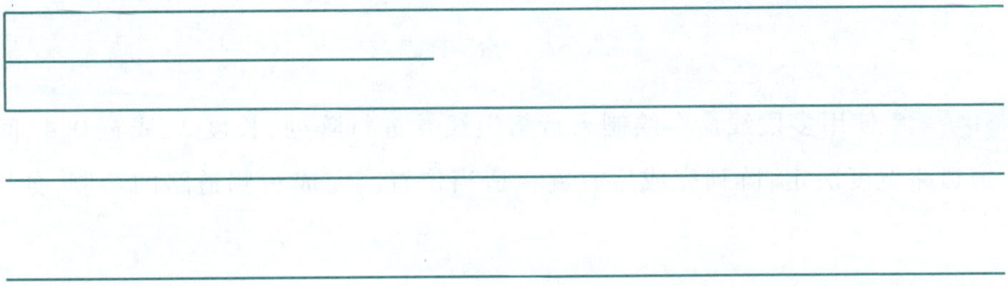

图 5-19 车道边线

步骤四 使用直线、偏移命令，按照规定尺寸绘制道路的其余线条，如图 5-20 所示。

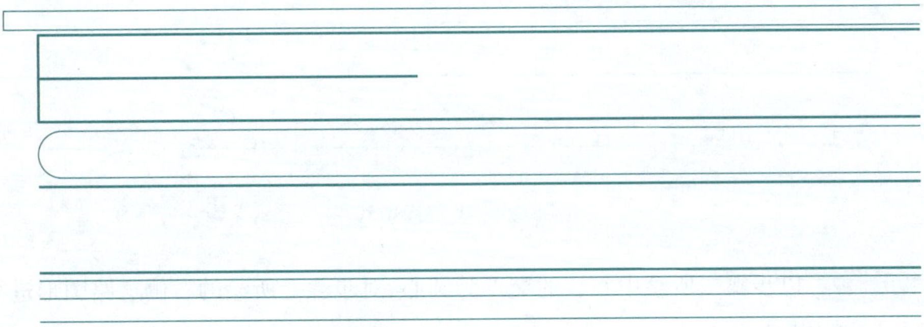

图 5-20 其余车道边线

学习笔记

步骤五 用虚线绘制道路间的行车车道线,如图5-21所示。

图5-21 行车车道线

步骤六 使用多段线命令绘制行车道直行箭头和直行加左转箭头两种指示标志,并放置在适当位置,如图5-22所示。

图5-22 指示标志

步骤七 使用多段线命令绘制人行横道线并进行阵列,长度3、线宽0.4、间距1,数量根据道路宽度决定,阵列完成后放置在适当位置。完成右侧道路的绘制,如图5-23所示。

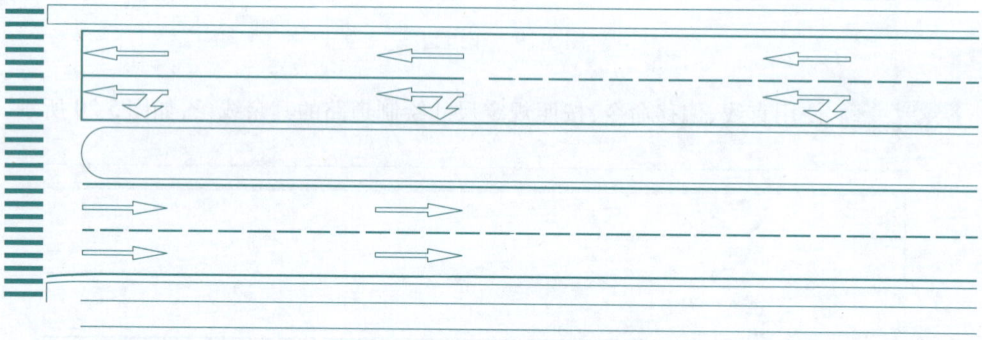

图5-23 人行横道线

步骤八 以步骤二所绘中心线的交点为圆心,对步骤七所绘的右侧道路图形进行环形阵列,如图5-24所示。

学习笔记

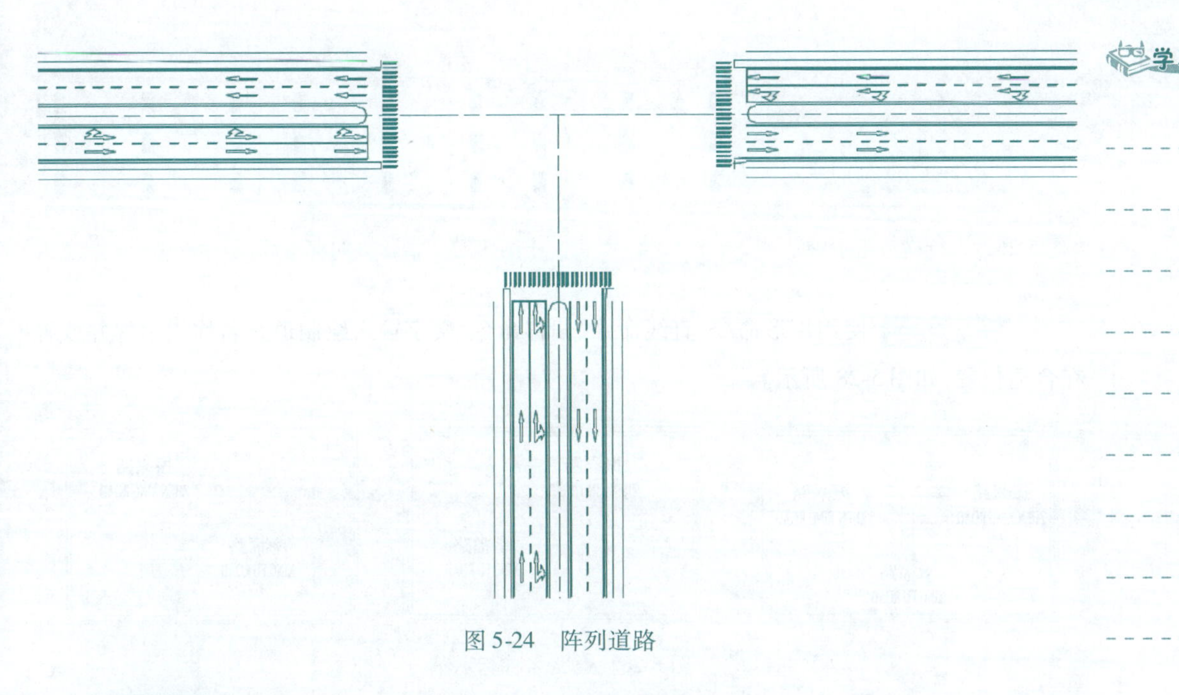

图 5-24　阵列道路

步骤九 使用圆角命令对道路的交叉线进行圆弧处理，半径分别为 30. 5、30、28. 5、26. 5，最终得到具有转弯半径的道路交叉口，如图 5-25 所示。

步骤十 使用多段线命令、直线命令、圆命令、圆弧命令绘制人行横道指示牌并放置在合适位置，如图 5-26 所示。

步骤十一 使用多段线命令、矩形命令、镜像命令绘制机动车行车指示方向标志牌并放置在合适位置，如图 5-27 所示。

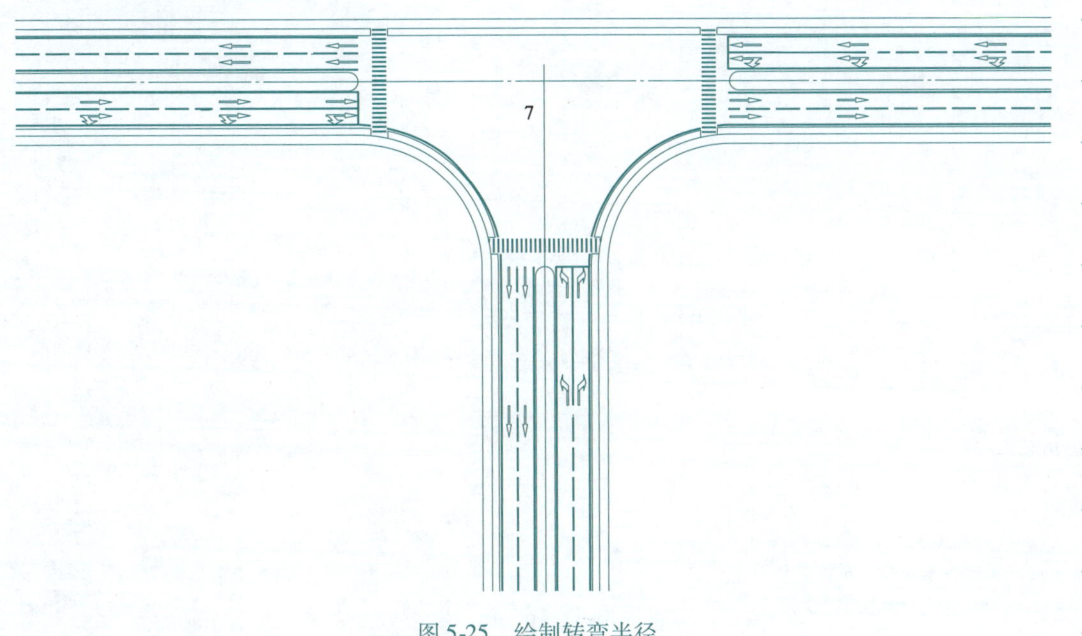

图 5-25　绘制转弯半径

图 5-26　人行横道指示牌

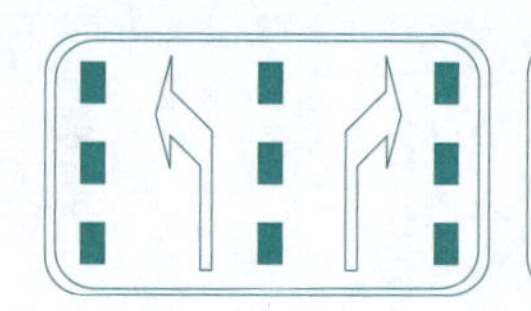

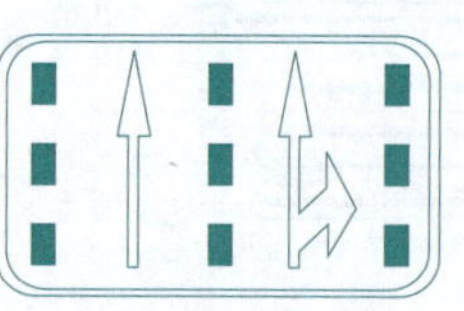

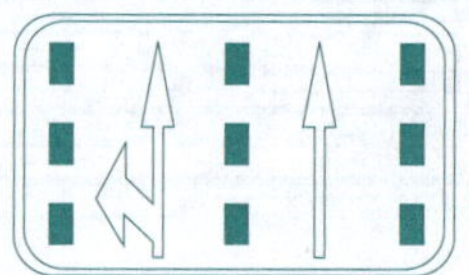

图 5-27　指示方向标志牌

步骤十二 使用矩形命令、直线命令、偏移命令、文字输入绘制道路名称指示牌并放置在合适位置,如图 5-28 所示。

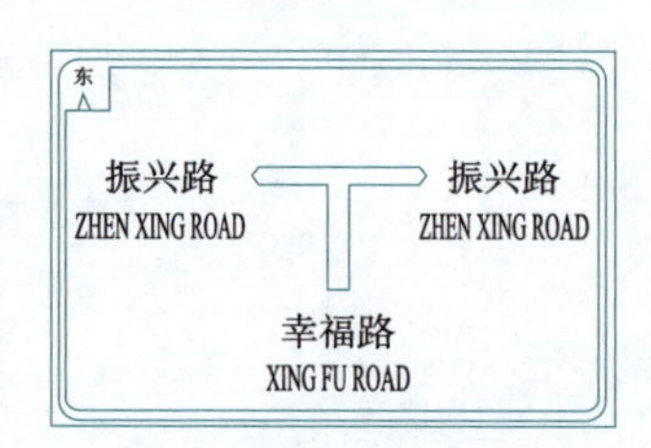

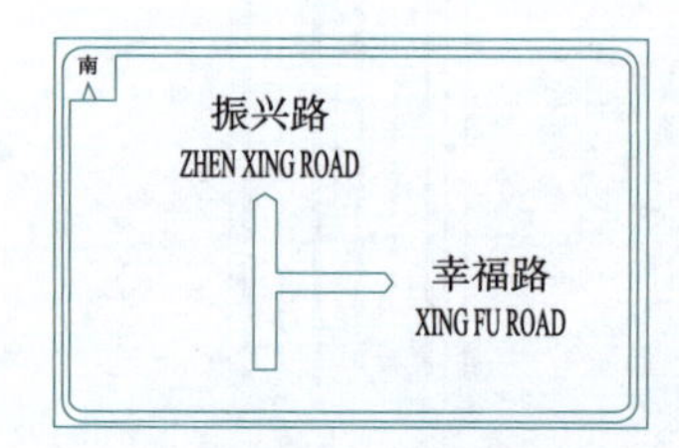

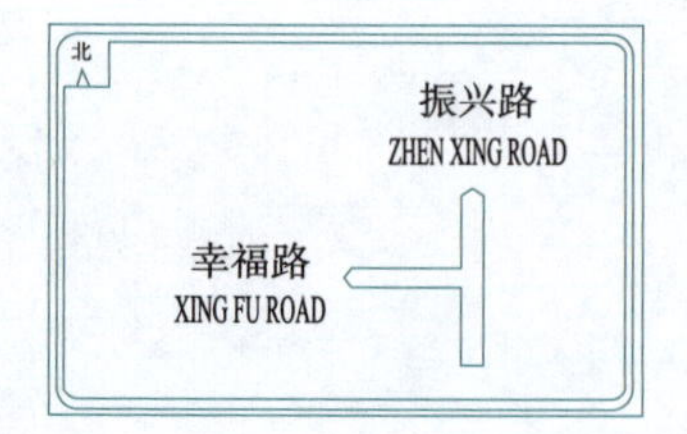

图 5-28　道路名称指示牌

步骤十三 对图形进行尺寸标注和文字注释,完成图形的绘制。

同级操练

综合利用所学绘图命令,完成题图 5-5、题图 5-6 所示平面图的绘制。

学习笔记

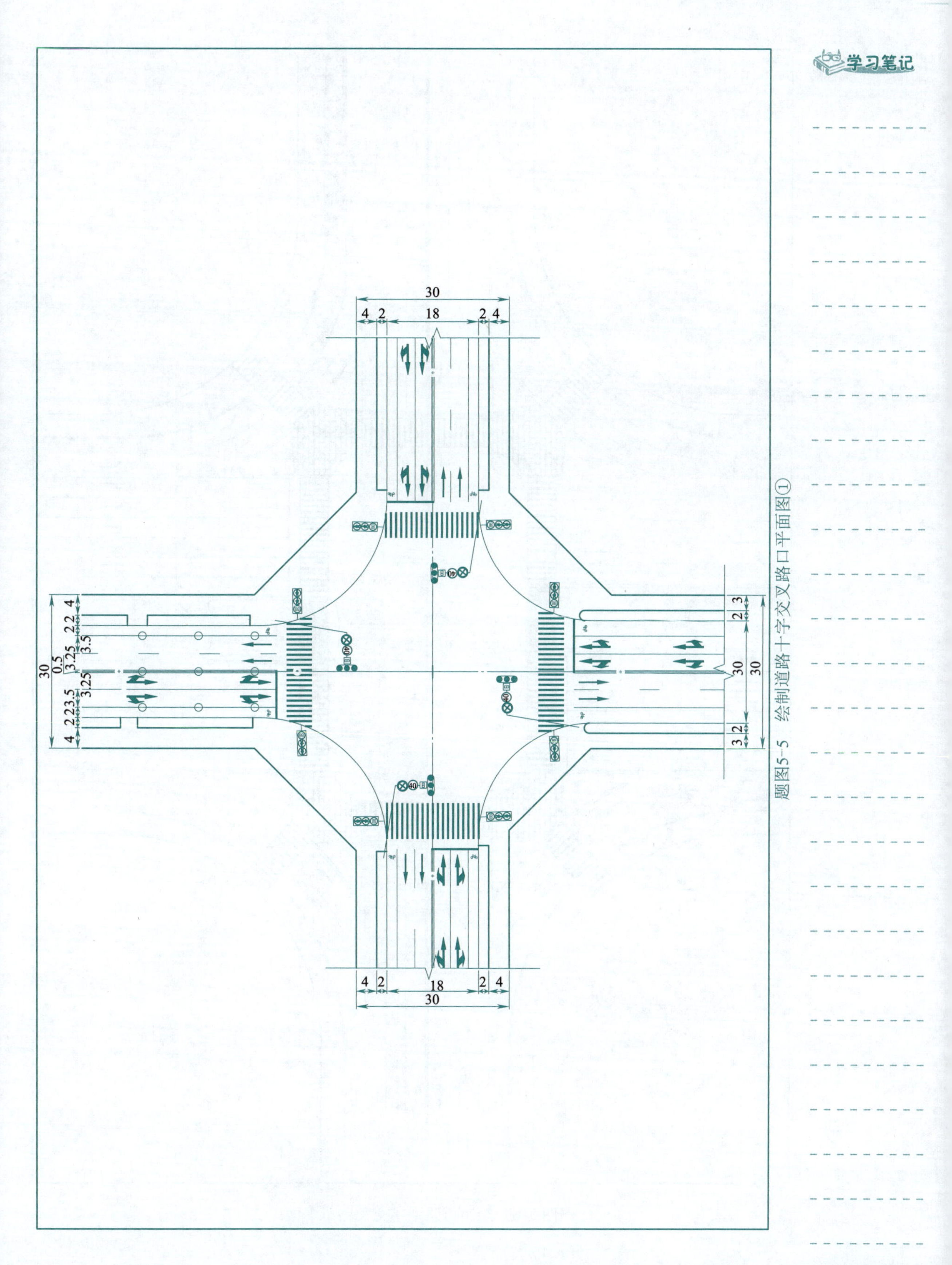

题图5-5　绘制道路十字交叉路口平面图①

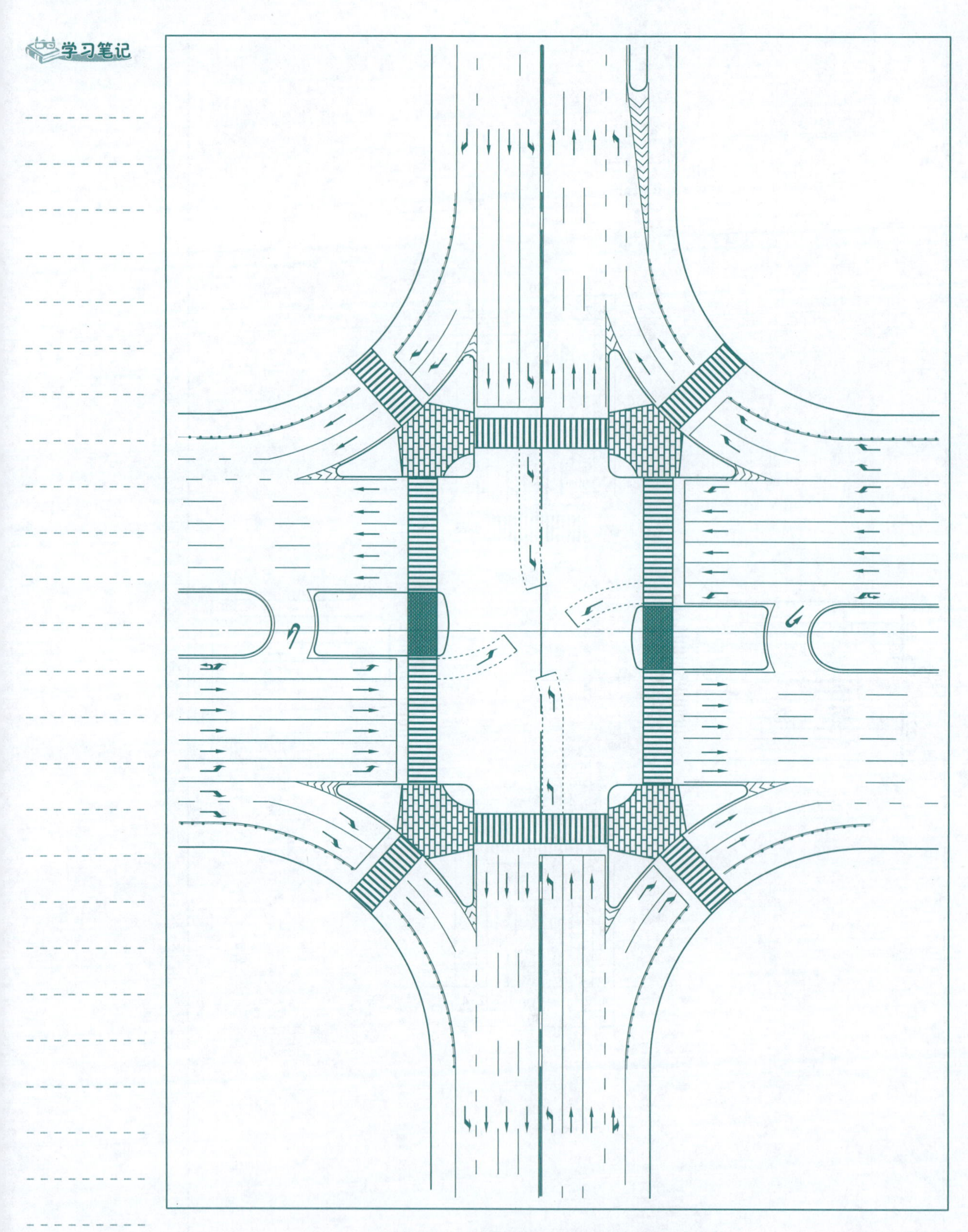

题图 5-6　绘制道路十字交叉路口平面图②

项目六 通信工程制图实战

学习笔记

项目说

通信技术和通信产业是20世纪80年代以来发展最快的领域之一，是人类进入信息社会的重要标志之一。党的二十大报告提出："坚持把发展经济的着力点放在实体经济上，推进新型工业化，加快建设制造强国、质量强国、航天强国、交通强国、网络强国、数字中国。"当前，我国通信行业发展如火如荼，已经建成世界最大的5G网络体系。而且随着技术的发展、需求的迭代，各大通信运营商还在不断投入资源、完善网络，提升网络质量。

通信工程项目的建设离不开项目的设计，工程项目的设计离不开工程制图。本项目包括通信工程常用图例的绘制、通信工程标准图幅的绘制、通信线路工程图的绘制、通信管道工程图的绘制、通信机房设备安装图的绘制等内容，使学生对通信工程常见的图例、图幅、线路工程、管道工程、设备安装工程有全面的认知，也能掌握最基本的通信工程制图技能，具备通信工程图纸识图和制图的能力。

任务一　通信工程网络拓扑图的绘制

本任务绘制一个传输汇聚环的网络拓扑图，如图6-1所示。通信工程的网络拓扑图是描述通信网络中各个设备和它们之间连接方式的图形表示。这种图形化的表示方法有助于网络管理员或工程师更好地理解、管理和优化通信网络的结构。

任务分析

本任务主要使用直线、文字、圆、椭圆、修剪、移动、定距等分等命令完成绘制。任务中的标题栏需要按照行业规范、标准完成绘制。

学习笔记

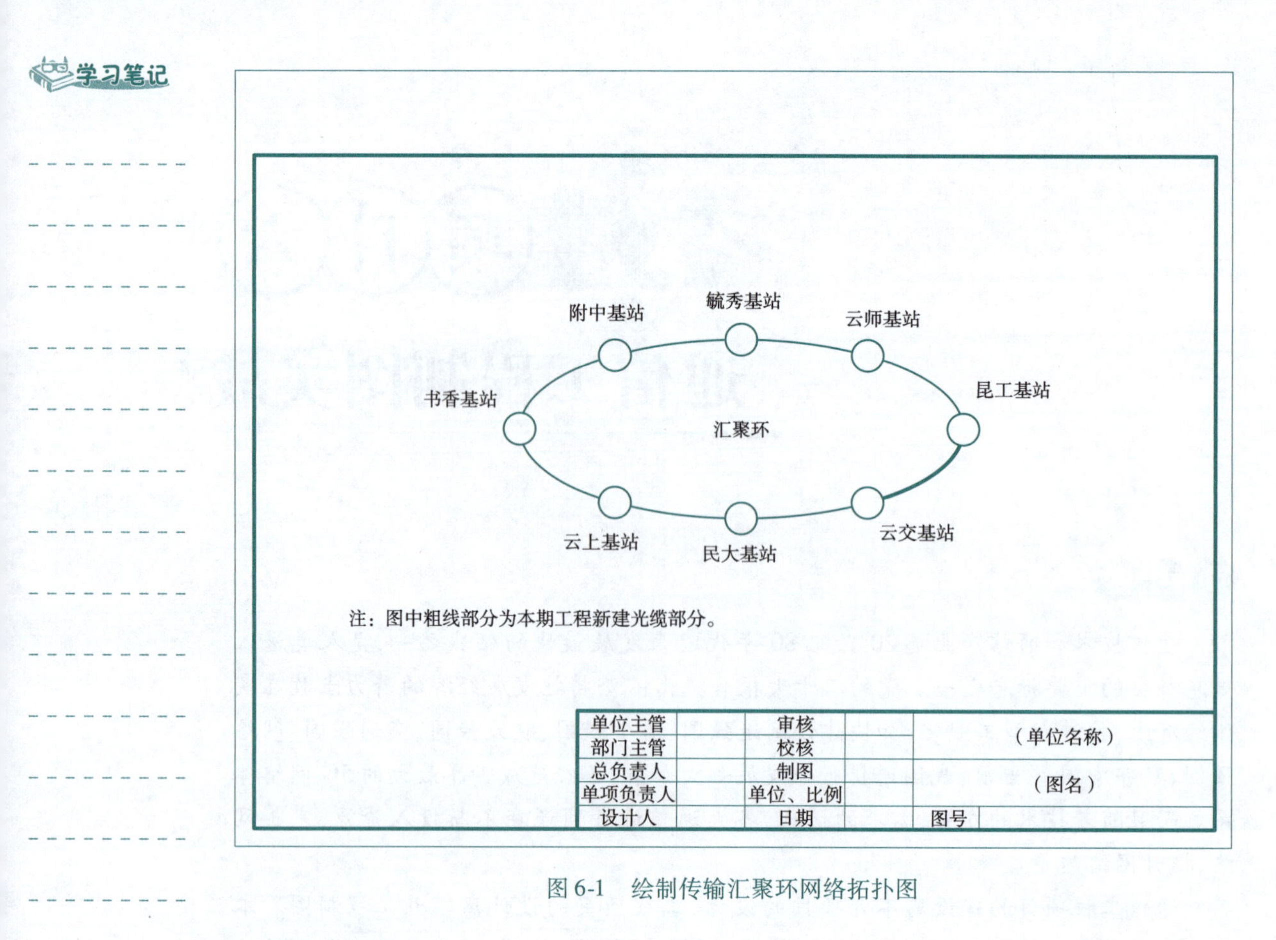

图 6-1　绘制传输汇聚环网络拓扑图

任务目标

1. 知识目标

(1)掌握圆命令的操作方法；
(2)掌握椭圆命令的操作方法；
(3)掌握直线命令的操作方法；
(4)掌握文字命令的操作方法；
(5)掌握移动命令的操作方法；
(6)掌握修剪命令的操作方法；
(7)掌握定距等分命令的操作方法。

2. 能力目标

(1)能够整合所学知识和技能，完整绘制通信工程网络拓扑图；
(2)能够使用直线和文字命令，根据现行的行业标准、规范、规程，分层绘制图纸。

3. 素质目标

(1)培养踏实肯干、勇于创新的工作态度，具有良好的职业道德、敬业精神和社会责任心；
(2)培养遵守规范和标准、保护知识产权的意识，确保产品质量，树立安全意识。

学习笔记

难点点拨

(1)绘制 A4 图幅时需要根据国家标准《技术制图　图纸幅面和格式》(GB/T 14689—2008)的规定尺寸进行绘制。

(2)灵活使用定距等分命令。

主要操作步骤

视频

通信工程网络拓扑图的绘制

步骤一 绘制图幅外框。

```
命令:LINE
指定第一个点:100,100
指定下一点或[放弃(U)]:397,100
指定下一点或[放弃(U)]:397,310
指定下一点或[闭合(C)/放弃(U)]:100,310
指定下一点或[闭合(C)/放弃(U)]:C
```

绘制效果如图 6-2 所示。

图 6-2　图幅外框效果

步骤二 绘制图幅内框。在“线宽设置”对话框中选用 0.5 线宽。

```
命令:LINE
指定第一个点:105,105
指定下一点或[放弃(U)]:@287,0
指定下一点或[放弃(U)]:@0,180
指定下一点或[闭合(C)/放弃(U)]:@ -287,0
指定下一点或[闭合(C)/放弃(U)]:C
```

绘制效果如图 6-3 所示。

学习笔记

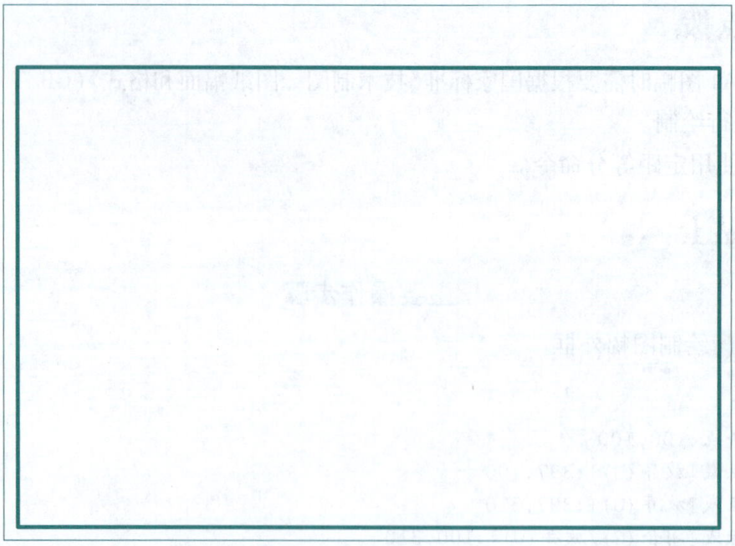

图 6-3　图幅内框效果

步骤三 绘制图衔。在“线宽设置”对话框中选用 0.25 线宽。打开正交模式。

```
命令:LINE
指定第一个点:212,105
指定下一点或[放弃(U)]:30
指定下一点或[放弃(U)]:180
指定下一点或[放弃(U)]:
命令:LINE
指定第一个点:212,111
指定下一点或[放弃(U)]:180
指定第一个点:212,117
指定下一点或[放弃(U)]:90
指定第一个点:212,123
指定下一点或[放弃(U)]:180
指定第一个点:212,129
指定下一点或[放弃(U)]:90
指定第一个点:232,105
指定下一点或[放弃(U)]:30
指定第一个点:262,105
指定下一点或[放弃(U)]:30
指定第一个点:282,105
指定下一点或[放弃(U)]:30
指定第一个点:302,105
指定下一点或[放弃(U)]:30
指定第一个点:322,105
指定下一点或[放弃(U)]:6
```

绘制效果如图 6-4 所示。

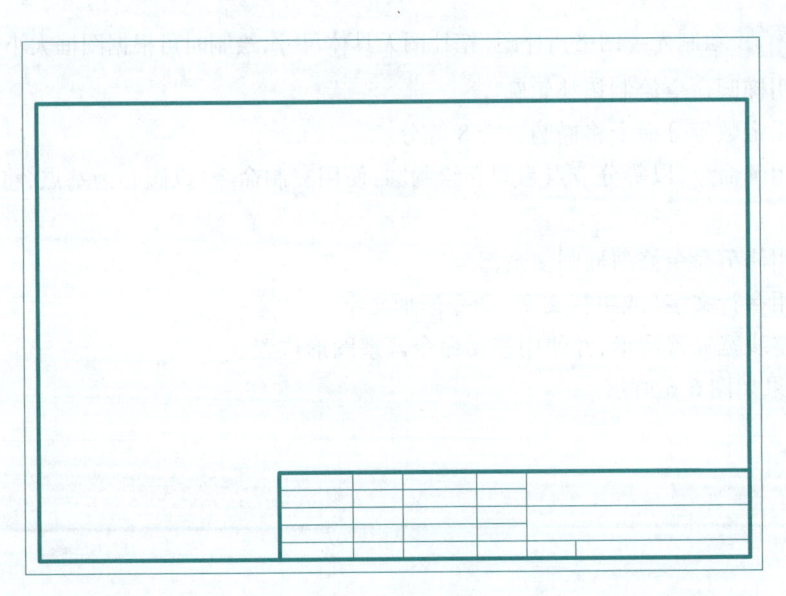

图 6-4　图衔效果

步骤四 添加文字。

```
命令:STYLE                          //在弹出的"文字样式"对话框中设置文字样式
命令:MTEXT
指定第一角点:
指定对角点或[高度(H)/对正(J)/行距(L)/旋转(R)/样式(S)/宽度(W)/栏(C)]:J
输入对正方式[左上(TL)/中上(TC)/右上(TR)/左中(ML)/正中(MC)/右中(MR)/左下(BL)/中下(BC)/右下(BR)]<左上(TL)>:MC
指定对角点或[高度(H)/对正(J)/行距(L)/旋转(R)/样式(S)/宽度(W)/栏(C)]:
```

此时输入文本内容,双击空白处完成。重复以上命令,完成其他文本输入,绘制效果如图 6-5所示。

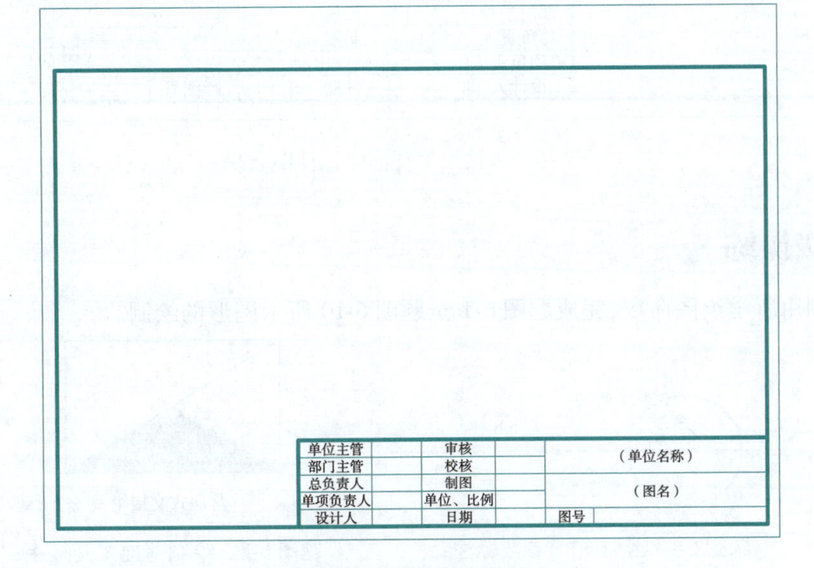

图 6-5　添加文字效果

学习笔记

步骤五 绘制光缆网络拓扑图(拓扑图无具体尺寸,绘制时可根据图框大小自行确定)。

(1)使用椭圆命令绘制拓扑轮廓。

(2)使用定数等分命令将椭圆进行8等分。

(3)使用圆命令,以等分节点为圆心绘制圆;使用复制命令,以圆心为基点,将圆复制到其他节点上。

(4)使用修剪命令修剪椭圆多余部分。

(5)使用多行文字(或单行文字)命令添加文字。

(6)调整线宽完善图形,并使用移动命令调整图形位置。

绘制效果如图6-6所示。

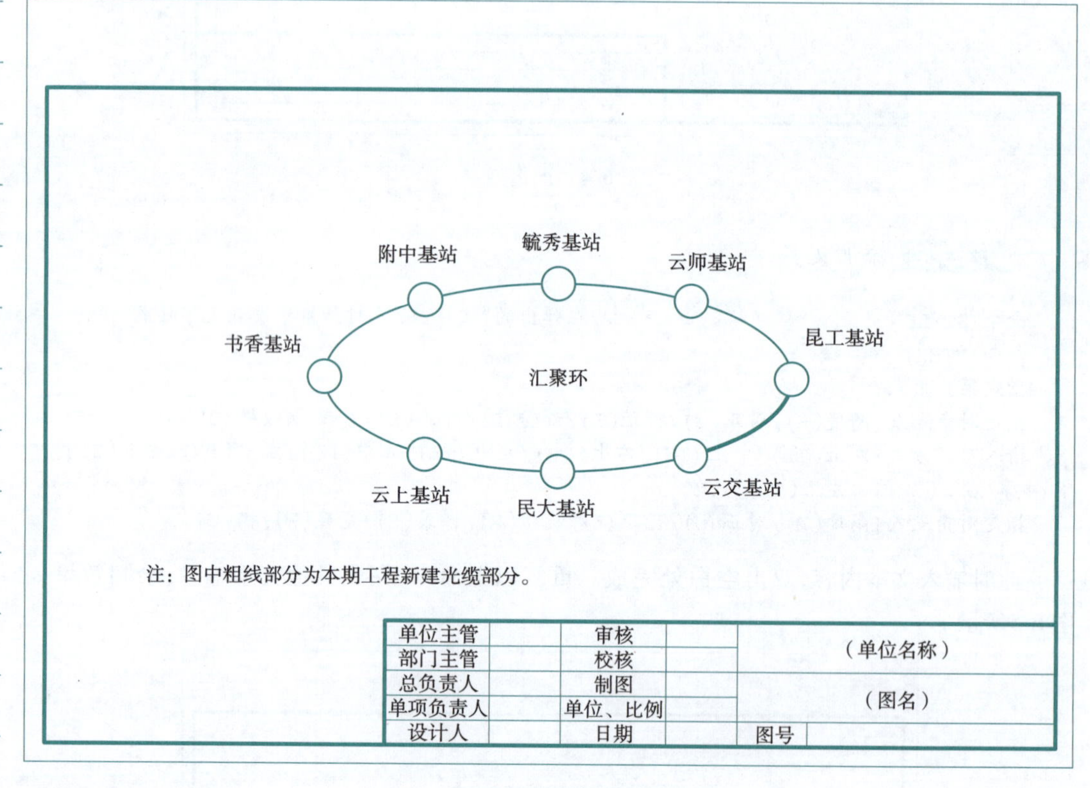

图6-6　传输汇聚环网络拓扑图效果

同级操练

综合利用所学绘图命令,完成题图6-1至题图6-10所示图形的绘制。

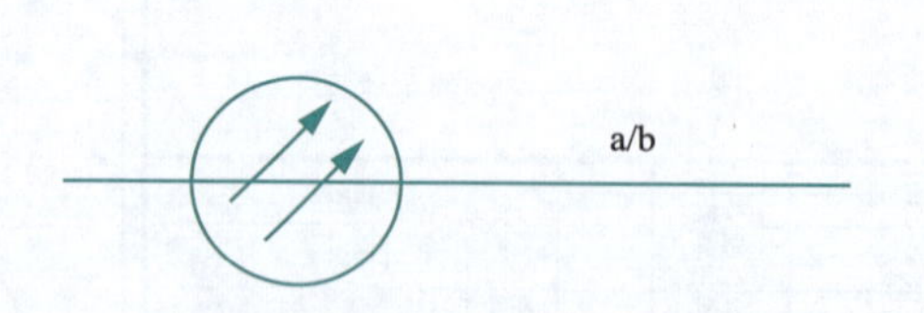

题图6-1　绘制光缆参数标注

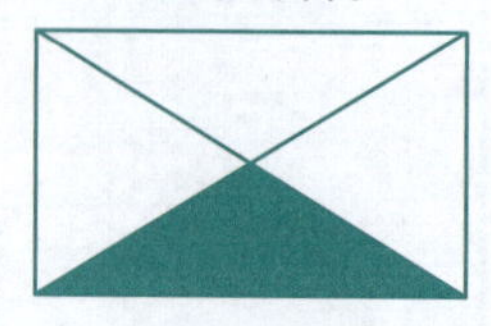

题图6-2　绘制落地式交接箱

学习笔记

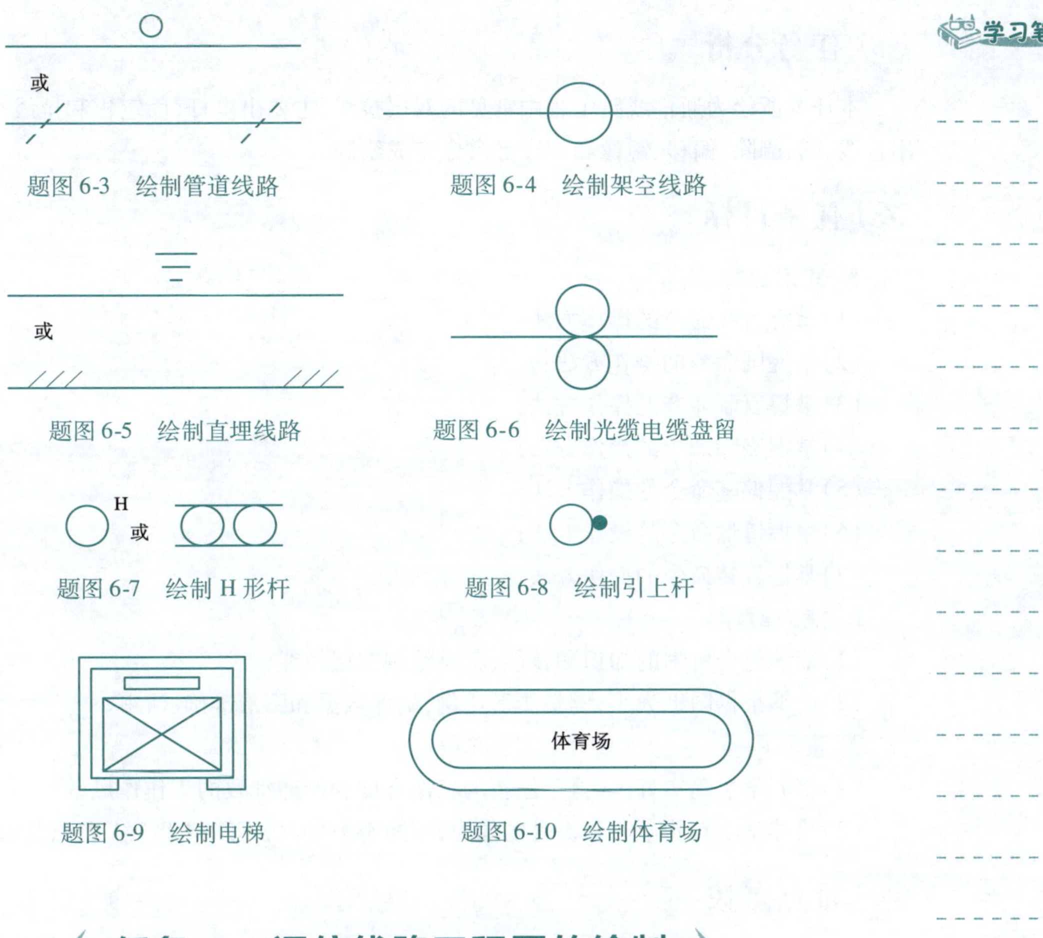

题图 6-3　绘制管道线路

题图 6-4　绘制架空线路

题图 6-5　绘制直埋线路

题图 6-6　绘制光缆电缆盘留

题图 6-7　绘制 H 形杆

题图 6-8　绘制引上杆

题图 6-9　绘制电梯

题图 6-10　绘制体育场

任务二　通信线路工程图的绘制

通信线路工程图是通信线路专业的技术图纸，用于展示通信线路的布局、连接方式以及相关的设备配置，这种图纸对于规划、设计、施工和维护通信网络至关重要。因此在绘制和使用通信线路工程图时，必须严格遵守相关标准和规范，确保图纸的准确性和有效性。本任务绘制通信线路中常见的双层拉线，如图 6-7 所示。

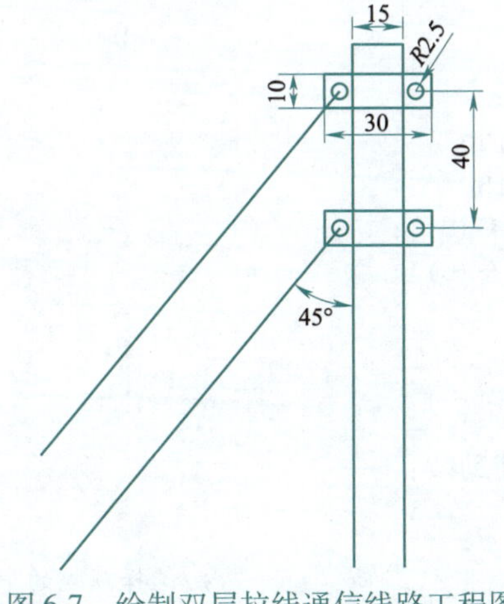

图 6-7　绘制双层拉线通信线路工程图

学习笔记

任务分析

本任务所绘为通信线路工程中常见的双层拉线，主要由电杆、固定板和拉线组成，主要使用直线、圆、删除、偏移、镜像和旋转等命令完成绘制。

任务目标

1. 知识目标

(1)掌握直线命令的操作方法；

(2)掌握圆命令的操作方法；

(3)掌握复制命令的操作方法；

(4)掌握删除命令的操作方法；

(5)掌握偏移命令的操作方法；

(6)掌握镜像命令的操作方法；

(7)掌握旋转命令的操作方法。

2. 能力目标

(1)能够整合所学的知识和技能，分层绘制双层拉线；

(2)能够根据图纸大小，调整图形比例，确保数据和图形准确、清晰。

3. 素质目标

(1)培养学生踏实肯干、勇于创新的工作态度和严谨细致的工作作风；

(2)培养学生自我学习和提升的能力，不断努力学习，不断追求个人和职业的发展。

难点点拨

(1)使用旋转命令时要注意角度的正负值。

(2)注意计算坐标和距离。

实操贴士

主要操作步骤

视频

通信线路工程图的绘制

步骤一 绘制线杆。

```
命令：LINE
指定第一个点：
指定下一点或 [放弃(U)]：170
指定下一点或 [放弃(U)]：15
指定下一点或 [闭合(C)/放弃(U)]：170
指定下一点或 [闭合(C)/放弃(U)]：
```

绘制效果如图6-8所示。

步骤二 绘制固定板。

(1)使用直线命令，绘制辅助线：

```
命令：LINE
指定第一个点：                              //选择顶端的中点
```

```
指定下一点或 [放弃(U)]: 8                    //输入长度值8(向下)
指定下一点或 [放弃(U)]: 15                   //输入长度值15(向左)
指定下一点或 [放弃(U)]: 10                   //输入长度值10(向下)
指定下一点或 [闭合(C)/放弃(U)]: 15           //输入长度值15(向右)
指定下一点或 [闭合(C)/放弃(U)]:
```

(2)使用偏移命令,绘制辅助线:

```
命令: OFFSET
当前设置:删除源=否,图层=源:OFFSETGAPTYPE=0
指定偏移距离或 [通过(T)/删除(E)/图层(L)] <4.0000>:4
选择要偏移的对象或 [退出(E)/放弃(U)] <退出>:
指定要偏移的那一侧上的点或 [退出(E)/多个(M)/放弃(U)] <退出>:
```

(3)使用圆命令,以该辅助线为基础绘制走线孔:

```
命令: CIRCLE
指定圆的圆心或 [三点(3P)/两点(2P)/切点、切点、半径(T)]:
指定圆的半径或 [直径(D)] <2.5000>: 2.5
```

绘制效果如图6-9所示。

图6-8　线杆效果　　　图6-9　固定板一侧效果

(4)使用删除命令,删除辅助线:

```
命令:ERASE
选择对象: 找到 1 个
选择对象: 找到 1 个,总计 2 个
选择对象:
```

(5)使用镜像命令,绘制出右半部分:

```
命令: MIRROR
选择对象: 指定对角点: 找到 4 个
选择对象:
指定镜像线的第一点:
```

学习笔记

```
指定镜像线的第二点:
要删除源对象吗? [是(Y)/否(N)] <否>:
```

绘制效果如图6-10所示。

步骤三 绘制拉线。

(1)使用直线命令,绘制拉线:

```
命令: LINE
指定第一个点:
指定下一点或 [放弃(U)]:160
指定下一点或 [放弃(U)]:
```

(2)使用旋转命令,调整拉线位置:

```
命令: ROTATE
UCS 当前的正角方向:  ANGDIR=逆时针  ANGBASE=0
选择对象: 找到 1 个
选择对象:指定基点:
指定旋转角度,或 [复制(C)/参照(R)] <0>:45
```

(3)使用复制命令,将固定板和拉线一起复制:

```
命令: COPY
选择对象:指定对角点: 找到 8 个
选择对象:找到 1 个,总计 9 个
选择对象:
当前设置:复制模式=多个
指定基点或 [位移(D)/模式(O)] <位移>:
指定第二个点或 [阵列(A)] <使用第一个点作为位移>:40
指定第二个点或 [阵列(A)/退出(E)/放弃(U)] <退出>:
```

绘制效果如图6-11所示。

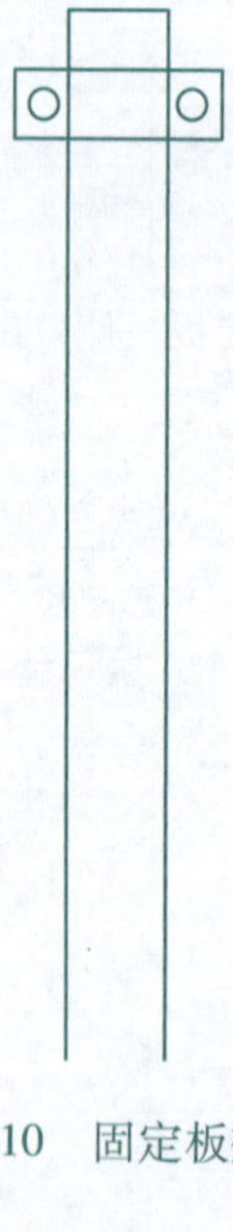

图6-10 固定板效果

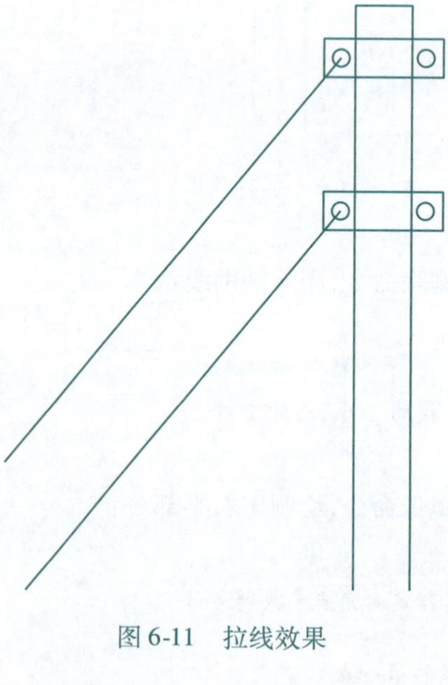

图6-11 拉线效果

步骤四　对图形进行尺寸标注，完成图 6-7 所示工程图的绘制。

学习笔记

同级操练

综合利用所学绘图命令，完成题图 6-11、题图 6-12 所示图形的绘制。

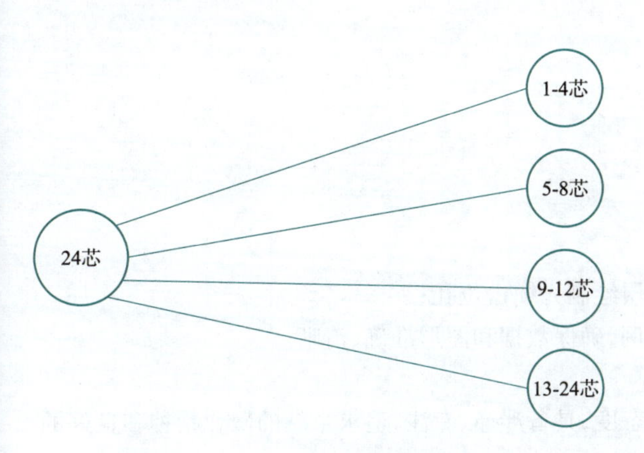

题图 6-11　绘制光缆纤芯分配图

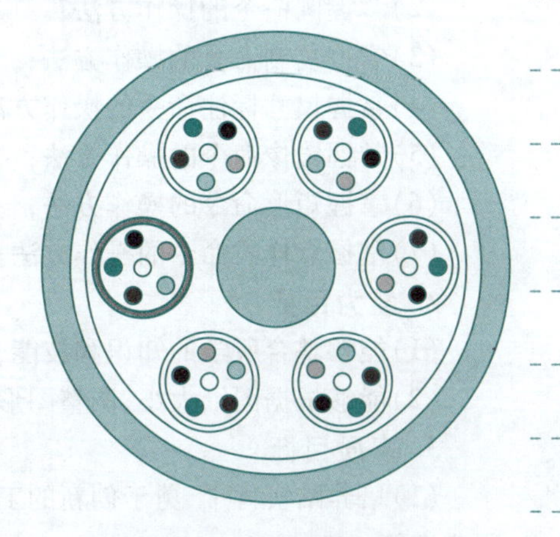

题图 6-12　绘制铠装光缆

任务三　通信管道工程图的绘制

通信管道工程图是指用于描述和规划通信管道建设的工程图纸，包含了管道的设计、布局、施工要求及材料选用等详细信息。在设计和施工通信管道工程时，应遵循相关的国家标准和行业规范，确保工程质量。本任务绘制通信管道工程中常见的光缆占位孔，如图 6-12 所示。

图 6-12　绘制光缆占位孔通信管道工程图

任务分析

本任务绘制的光缆占位孔主要由管道和光缆占位标识组成，主要使用直线、圆、复制、尺寸标注、矩形、点样式、点和镜像等命令完成。

学习笔记

任务目标

1. 知识目标

(1)掌握直线命令的操作方法；

(2)掌握圆命令的操作方法；

(3)掌握复制命令的操作方法；

(4)掌握尺寸标注命令的操作方法；

(5)掌握镜像命令的操作方法；

(6)掌握矩形命令的操作方法；

(7)掌握点样式命令的操作方法。

2. 能力目标

(1)能够整合所学的知识和技能,分层绘制光缆占位孔；

(2)能够根据图纸大小,调整图形比例,确保数据和图形准确、清晰。

3. 素质目标

(1)培养踏实肯干、勇于创新的工作态度,具备严谨、专注、追求卓越的敬业精神和良好的职业道德；

(2)培养自我学习和提升的能力,树立较强的安全意识和质量意识。

难点点拨

(1)绘制最小的圆可直接调用点命令绘制。

(2)使用阵列命令时应注意阵列的数值是否正确。

实操贴士

视频

通信管道工程图的绘制

主要操作步骤

步骤一 使用矩形命令,在绘图区域任意选取一点,绘制矩形外框,效果如图6-13所示。

```
命令: RECTANG
指定第一个角点或 [倒角(C)/标高(E)/圆角(F)/厚度(T)/宽度(W)]:
指定另一个角点或 [面积(A)/尺寸(D)/旋转(R)]: D
指定矩形的长度 <10.0000 >: 200
指定矩形的宽度 <10.0000 >: 200
指定另一个角点或 [面积(A)/尺寸(D)/旋转(R)]:
```

图6-13　外框效果

学习笔记

步骤二 绘制一根管道。

(1)使用圆命令,绘制圆:

```
命令:CIRCLE
指定圆的圆心或 [三点(3P)/两点(2P)/切点、切点、半径(T)]: T
指定对象与圆的第一个切点:
指定对象与圆的第二个切点:
指定圆的半径 <10.0000>: 50
```

(2)使用直线命令,绘制辅助线:

```
命令:LINE
指定第一个点:                              //选择圆的第二象限点
指定下一点或 [放弃(U)]:                    //选择圆的第四象限点
指定下一点或 [放弃(U)]:
命令:LINE
指定第一个点:                              //选择圆的第三象限点
指定下一点或 [放弃(U)]:                    //选择圆的第一象限点
指定下一点或 [放弃(U)]:
```

(3)使用圆命令,绘制内圆:

```
命令:CIRCLE
指定圆的圆心或 [三点(3P)/两点(2P)/切点、切点、半径(T)]: 3P
指定圆上的第一个点: _tan 到
指定圆上的第二个点: _tan 到
指定圆上的第三个点: _tan 到
```

重复以上步骤绘制其余三个圆。

(4)使用删除命令,删除辅助线:

```
命令: DELETE
选择对象: 找到 1 个
选择对象: 找到 1 个,总计 2 个
选择对象:
```

绘制效果如图 6-14 所示。

图 6-14　一根管道效果

学习笔记

步骤三 绘制所有管道。

(1)使用镜像命令,绘制出其余三根管道:

```
命令: MIRROR
选择对象: 指定对角点: 找到 5 个
选择对象:
指定镜像线的第一点:                    //第一个点为正方形上方直线的中点
指定镜像线的第二点:                    //第二个点为正方形下方直线的中点
要删除源对象吗? [是(Y)/否(N)] : N
命令: MIRROR
选择对象: 指定对角点: 找到 10 个
选择对象:
指定镜像线的第一点:                    //第一个点为正方形左侧直线的中点
指定镜像线的第二点:                    //第一个点为正方形右侧直线的中点
要删除源对象吗? [是(Y)/否(N)] <否>:
```

(2)使用点样式命令,修改点的显示样式:

```
命令: DDPTYPE
PTYPE 正在重生成模型
```

(3)使用点命令,绘制占位孔:

```
命令:POINT
当前点模式:  PDMODE=33  PDSIZE=0.0000
指定点:                                //指定圆心为点
```

重复以上步骤,完成剩余三个点的绘制,绘制效果如图 6-15 所示。

步骤四 绘制标注。

(1)使用尺寸标注样式命令,修改尺寸标注的参数。

(2)使用线性尺寸标注命令,选择正方形上方的两个端点,绘制效果如图 6-16 所示。

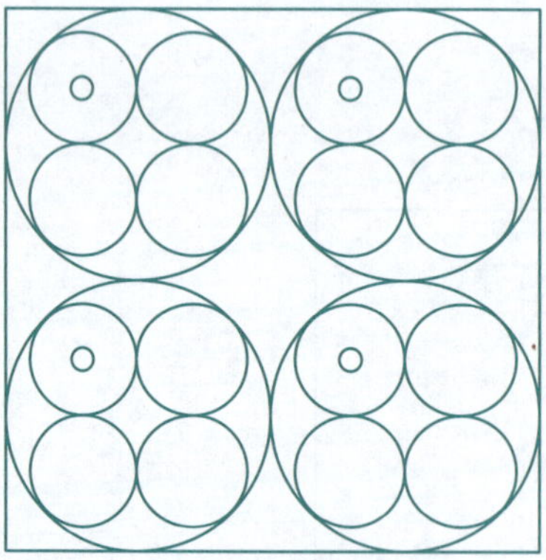

图 6-15 所有管道效果

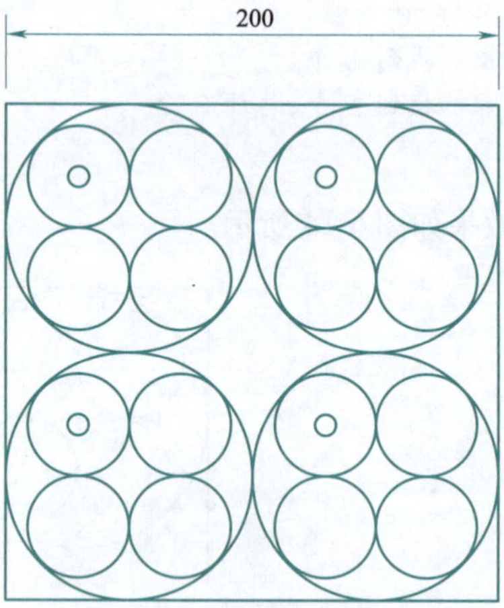

图 6-16 管道标注效果

同级操练

综合利用所学绘图命令,完成题图 6-13 和题图 6-14 所示平面图的绘制。

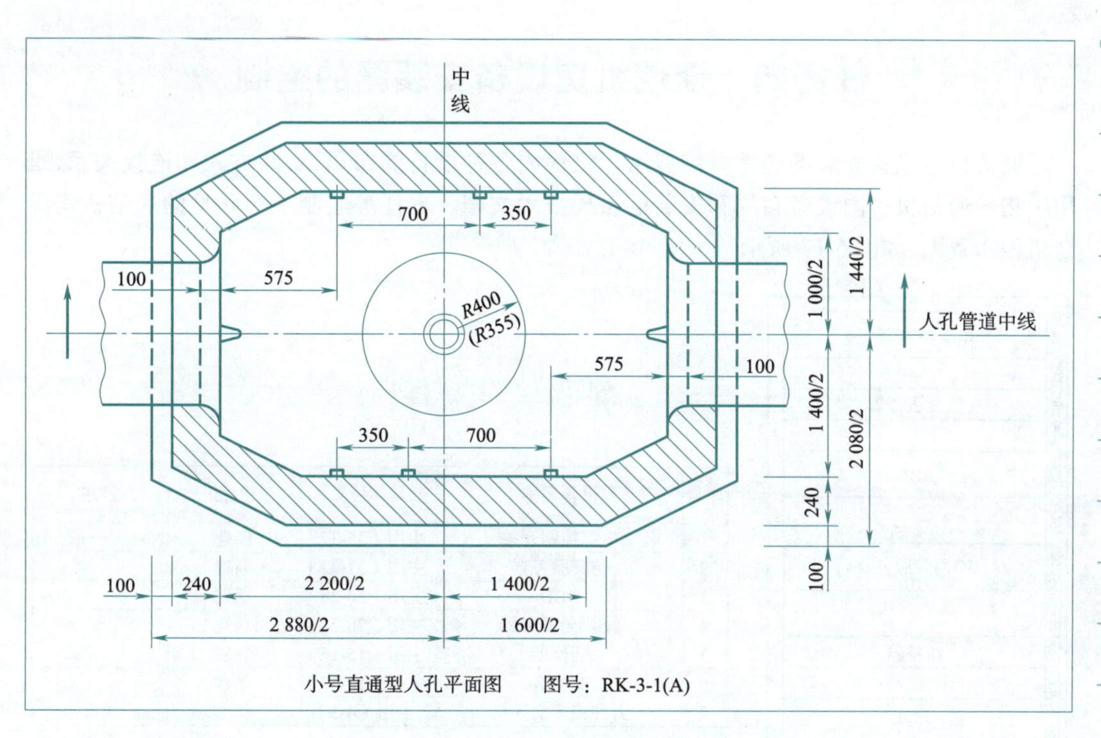

题图 6-13 绘制小号直通型人孔平面图

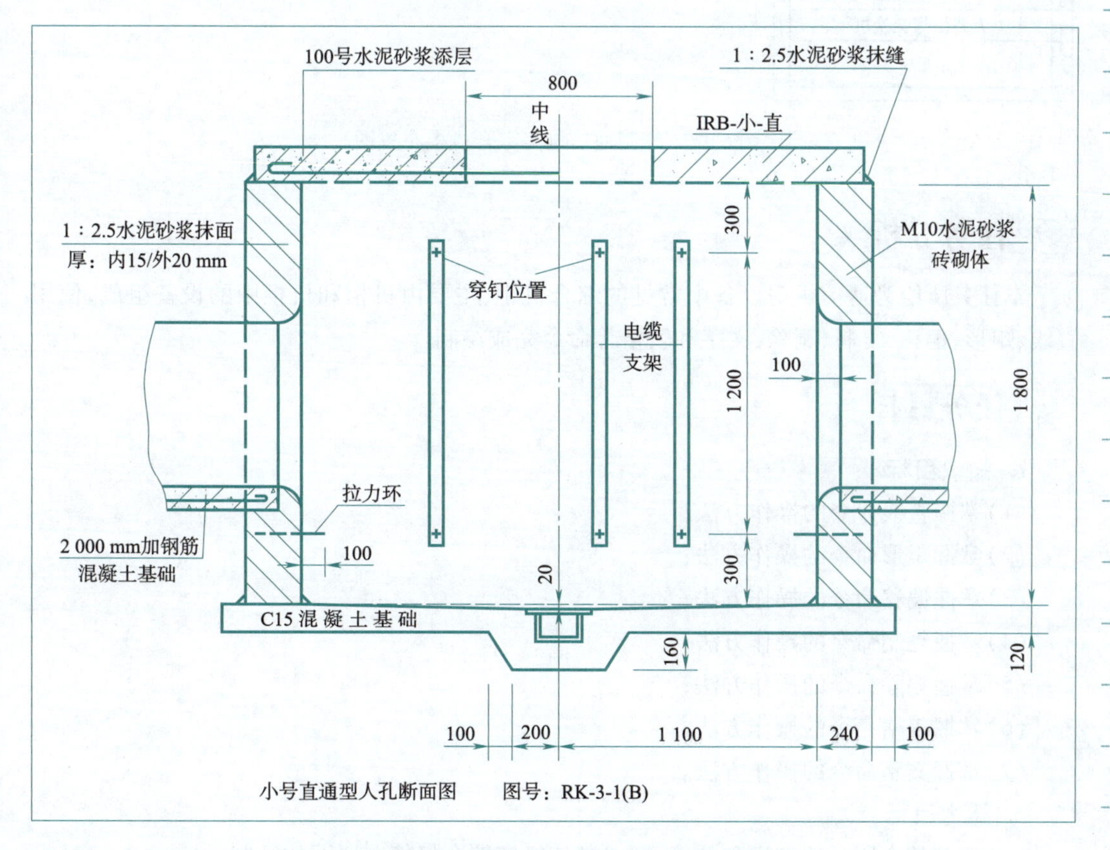

题图 6-14 绘制小号直通型人孔断面图

任务四　通信机房设备安装图的绘制

通信机房设备安装图通常详细展示了机房内各种设备的布局、安装方式和连接关系，是用于指导通信机房内设备布局和安装的重要技术文档。本任务绘制一个常见的通信机房综合机柜布置图，如图 6-17 所示。

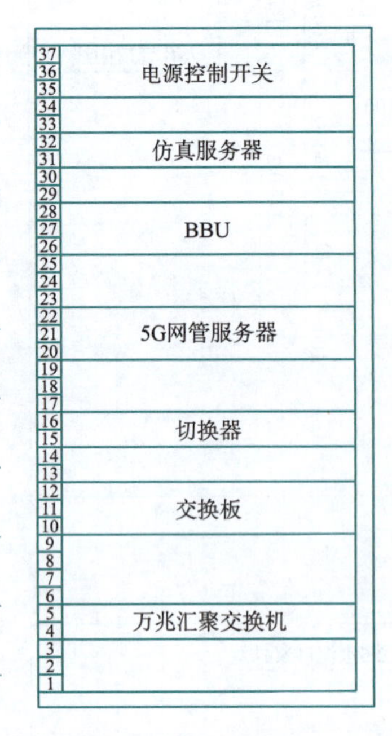

序号	设备名称	具体位置	新建/利旧	备注
1	电源控制开关	主用（35-37）	新建	
2	仿真服务器	主用（31-32）	新建	
3	BBU	主用（26-28）	新建	
4	5G网管服务器	主用（20-22）	新建	
5	切换器	主用（15-16）	新建	
6	交换板	主用（10-12）	新建	
7	万兆汇聚交换机	主用（4-5）	新建	

图 6-17　绘制通信机房综合机柜布置图

任务分析

本任务所绘为通信机房设备中常见的综合机柜，主要由机柜和机柜中的设备组成，使用直线、矩形、偏移、复制、删除、文字和表格等命令完成绘制。

任务目标

1. 知识目标

（1）掌握直线命令的操作方法；

（2）掌握矩形命令的操作方法；

（3）掌握偏移命令的操作方法；

（4）掌握复制命令的操作方法；

（5）掌握删除命令的操作方法；

（6）掌握表格命令的操作方法；

（7）掌握文字命令的操作方法。

2. 能力目标

（1）能够整合所学的知识和技能，完成通信机房综合机柜布置图的绘制。

(2)能够根据图纸大小,调整图形比例,确保数据和图形准确、清晰。

3. 素质目标

(1)培养学生踏实肯干、勇于创新的工作态度;具备行为规范、守纪律、爱岗敬业的职业道德。

(2)具备坚定的信念,明确目标和抱负,坚定自信,努力学习新知识和技能,提升自我。

学习笔记

难点点拨

注意综合柜面板中的设备位置应与实际相符。

实操贴士

主要操作步骤

步骤一 绘制柜体。

```
命令: RECTANG
指定第一个角点或 [倒角(C)/标高(E)/圆角(F)/厚度(T)/宽度(W)]:
指定另一个角点或 [面积(A)/尺寸(D)/旋转(R)]: D
指定矩形的长度 <10.0000>: 100
指定矩形的宽度 <10.0000>: 200
指定另一个角点或 [面积(A)/尺寸(D)/旋转(R)]:
命令: OFFSET
当前设置: 删除源=否　图层=源　OFFSETGAPTYPE=0
指定偏移距离或 [通过(T)/删除(E)/图层(L)] <通过>:5
选择要偏移的对象或 [退出(E)/放弃(U)] <退出>:          //选择要偏移的对象
指定通过点或 [退出(E)/多个(M)/放弃(U)] <退出>:        //在绘图区域指定要偏移的位置
```

步骤二 绘制序列。

视频

通信机房设备安装图的绘制

```
命令: RECTANG
输入矩形长度值:5
输入矩形宽度值:5
命令: COPY                        //调用复制命令,以5的倍数反复复制37次
选择对象: 找到 1 个
选择对象:
当前设置:  复制模式=多个
指定基点或 [位移(D)/模式(O)] <位移>:
指定第二个点或 [阵列(A)] <使用第一个点作为位移>: 5
指定第二个点或 [阵列(A)/退出(E)/放弃(U)] <退出>: 10
指定第二个点或 [阵列(A)/退出(E)/放弃(U)] <退出>: 15
指定第二个点或 [阵列(A)/退出(E)/放弃(U)] <退出>: 20
指定第二个点或 [阵列(A)/退出(E)/放弃(U)] <退出>: 25
指定第二个点或 [阵列(A)/退出(E)/放弃(U)] <退出>: 30
指定第二个点或 [阵列(A)/退出(E)/放弃(U)] <退出>: 35
指定第二个点或 [阵列(A)/退出(E)/放弃(U)] <退出>: 40
指定第二个点或 [阵列(A)/退出(E)/放弃(U)] <退出>: 45
指定第二个点或 [阵列(A)/退出(E)/放弃(U)] <退出>: 50
指定第二个点或 [阵列(A)/退出(E)/放弃(U)] <退出>: 55
指定第二个点或 [阵列(A)/退出(E)/放弃(U)] <退出>: 60
```

学习笔记

```
指定第二个点或 [阵列(A)/退出(E)/放弃(U)] <退出>: 65
指定第二个点或 [阵列(A)/退出(E)/放弃(U)] <退出>: 70
指定第二个点或 [阵列(A)/退出(E)/放弃(U)] <退出>: 75
指定第二个点或 [阵列(A)/退出(E)/放弃(U)] <退出>: 80
指定第二个点或 [阵列(A)/退出(E)/放弃(U)] <退出>: 85
指定第二个点或 [阵列(A)/退出(E)/放弃(U)] <退出>: 90
指定第二个点或 [阵列(A)/退出(E)/放弃(U)] <退出>: 95
指定第二个点或 [阵列(A)/退出(E)/放弃(U)] <退出>: 100
指定第二个点或 [阵列(A)/退出(E)/放弃(U)] <退出>: 105
指定第二个点或 [阵列(A)/退出(E)/放弃(U)] <退出>: 110
指定第二个点或 [阵列(A)/退出(E)/放弃(U)] <退出>: 115
指定第二个点或 [阵列(A)/退出(E)/放弃(U)] <退出>: 120
指定第二个点或 [阵列(A)/退出(E)/放弃(U)] <退出>: 125
指定第二个点或 [阵列(A)/退出(E)/放弃(U)] <退出>: 130
指定第二个点或 [阵列(A)/退出(E)/放弃(U)] <退出>: 135
指定第二个点或 [阵列(A)/退出(E)/放弃(U)] <退出>: 140
指定第二个点或 [阵列(A)/退出(E)/放弃(U)] <退出>: 145
指定第二个点或 [阵列(A)/退出(E)/放弃(U)] <退出>: 150
指定第二个点或 [阵列(A)/退出(E)/放弃(U)] <退出>: 155
指定第二个点或 [阵列(A)/退出(E)/放弃(U)] <退出>: 160
指定第二个点或 [阵列(A)/退出(E)/放弃(U)] <退出>: 165
指定第二个点或 [阵列(A)/退出(E)/放弃(U)] <退出>: 170
指定第二个点或 [阵列(A)/退出(E)/放弃(U)] <退出>: 175
指定第二个点或 [阵列(A)/退出(E)/放弃(U)] <退出>: 180
指定第二个点或 [阵列(A)/退出(E)/放弃(U)] <退出>: 185
命令: MTEXT                                   //调用文字命令,依次写入编号
```

步骤三 绘制设备。使用直线命令、文字命令根据实际情况绘制设备,绘制效果图如图6-18所示。

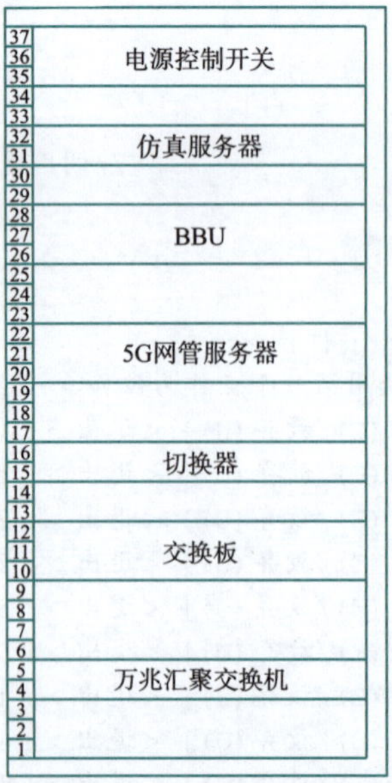

图6-18 综合机柜效果

学习笔记

步骤四 插入表格。

(1)在命令行中输入 TABLE,弹出“插入表格”对话框,设置列数为 5,列宽为 50,行数为 8,行高为 1,单击“确定”按钮完成设置。

(2)在命令行中输入 MTEXT,标注文字,绘制效果如图 6-19 所示。

序号	设备名称	具体位置	新建/利旧	备注
1	电源控制开关	主用(35-37)	新建	
2	仿真服务器	主用(31-32)	新建	
3	BBU	主用(26-28)	新建	
4	5G网管服务器	主用(20-22)	新建	
5	切换器	主用(15-16)	新建	
6	交换板	主用(10-12)	新建	
7	万兆汇聚交换机	主用(4-5)	新建	

图 6-19　表格效果

步骤五 转换成 PDF 文件。完成绘制后,在菜单栏中选择“输出”→“PDF 输出”命令,文件类型选择 PDF 格式,最终得到图 6-13 所示布置图。

同级操练

综合利用所学绘图命令,完成题图 6-15 和题图 6-16 所示图形的绘制。

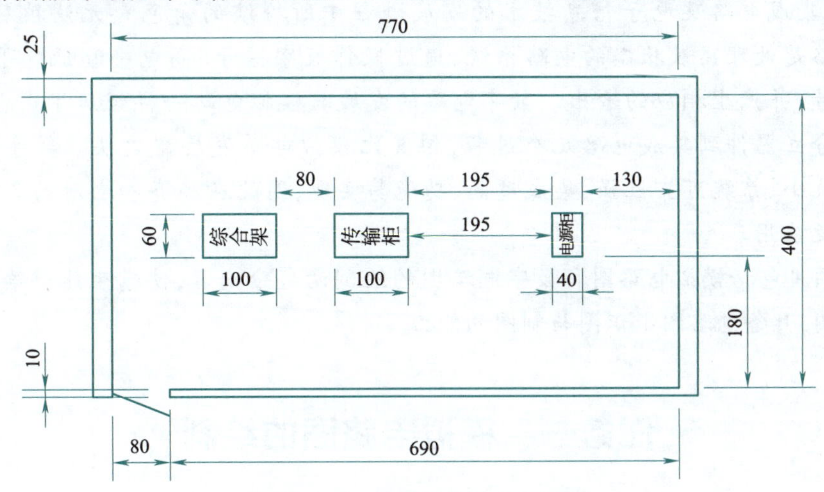

题图 6-15　绘制机房设备布置图

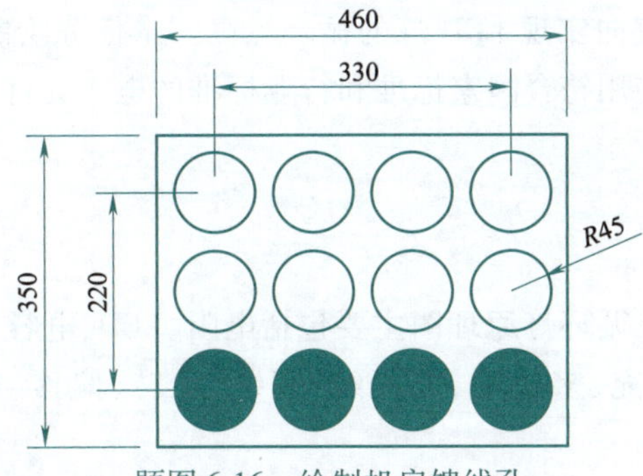

题图 6-16　绘制机房馈线孔

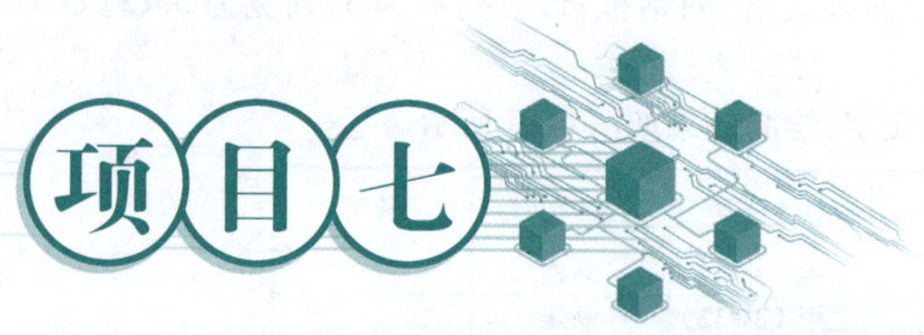

电子电路制图实战

学习笔记

项目说

数字电路与模拟电路是电子工程中的两个重要部分，它们在现代科技中扮演着至关重要的角色。模拟电路是处理连续变化信号的电路系统，通过操纵连续的电压或电流表示输入信号，并产生相应的输出。模拟电路作为电子集成电路的基础，其在集成电路及电子信息技术的发展进程中所扮演的角色是无法被替代的。数字电路是处理离散状态的电路系统，通过操作数字信号（高电平和低电平）表示输入信号，并产生相应的输出。数字电路的发展与模拟电路一样经历了由电子管、半导体分立器件到集成电路几个过程，但其比模拟电路发展得更快。数字电路受环境干扰小、系统可靠性强、集成度高、功能易实现，因此在经济和生活的各个领域得到广泛应用。

本项目包括模拟电路图和数字电路图的绘制两部分内容，使学生能够绘制基本的电路图，具备电路图纸识图与制图的能力。

任务一　模拟电路图的绘制

LED 循环灯的原理图设计主要基于电子元件（如三极管、电阻、电容和发光二极管等）的相互作用，通过控制电流流向实现 LED 灯的循环点亮。本任务绘制 LED 循环灯原理图，如图 7-1所示。绘制时需要使用符合国家标准和行业标准的电子元件，同时还要遵守行业相关标准、规范完成绘制。

任务分析

本任务所绘三只 LED 循环灯原理图主要包括电阻、LED、电容、三极管、电源等元器件，可使用直线、矩形、圆、填充、多边形、多段线、复制、旋转、偏移、文字和移动等命令完成绘制。

学习笔记

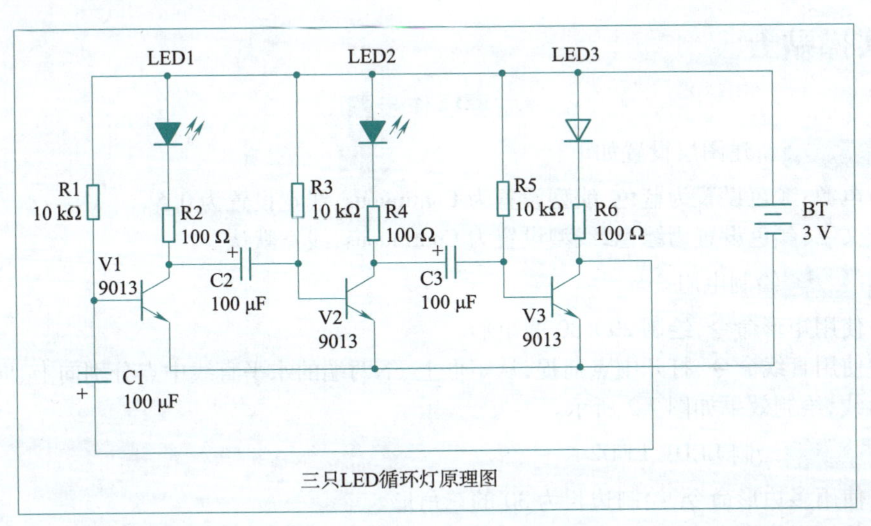

图 7-1　绘制 LED 循环灯原理图

任务目标

1. 知识目标

(1)掌握直线命令的操作方法;

(2)掌握矩形命令的操作方法;

(3)掌握圆命令的操作方法;

(4)掌握多段线命令的操作方法;

(5)掌握复制命令的操作方法;

(6)掌握旋转命令的操作方法;

(7)掌握偏移命令的操作方法;

(8)掌握文字命令的操作方法;

(9)掌握移动命令的操作方法;

(10)掌握填充命令的操作方法;

(11)掌握多边形命令的操作方法。

2. 能力目标

(1)能够整合所学的知识和技能,分层绘制三只 LED 循环灯原理图;

(2)能够根据现行的行业标准、规范、规程,分层绘制图纸;

(3)能够根据图纸大小,调整图形比例,确保数据和图形准确、清晰。

3. 素质目标

(1)培养踏实肯干、勇于创新的工作态度,具备团队合作能力,确保信息流通和共享,促进职业成长和发展;

(2)培养良好的职业道德、敬业精神和社会责任心,遵守法律法规,爱岗敬业,不断学习新知识、新技能,努力提高专业能力。

难点点拨

(1)注意多段线的绘制顺序。

(2)控制好绘制元器件的比例和距离。

实操贴士

视 频

模拟电路图的绘制

主要操作步骤

步骤一 新建图层设置如下：

(1)电源：颜色设置为蓝色，线型设置为 Continuous，线宽设置为 0.5。

(2)文字：颜色设置为绿色，线型设置为 Continuous，线宽默认。

步骤二 绘制电阻。

(1)使用矩形命令，绘制 20×80 的矩形。

(2)使用直线命令，打开中点捕捉，从矩形上、下两端的水平直线中点分别向上、向下绘制 2 条垂直线，绘制效果如图 7-2 所示。

步骤三 绘制 LED1、LED2。

(1)使用多边形命令，绘制边长为 30 的三角形。

(2)使用直线命令，绘制垂直线和水平直线。

(3)使用图案填充命令，选择 SOLID 图案填充三角形。

(4)使用多段线命令，起点宽度 0，端点宽度 3，绘制箭头；完成箭头绘制后，将起点和端点宽度均设置为 0，绘制箭头后的直线。

(5)使用复制命令，复制箭头对象。

(6)使用旋转命令，将箭头旋转至合适的角度。

绘制完成后的效果如图 7-3 所示，最后使用复制命令，即可完成 LED1 和 LED2 两只小灯的绘制。

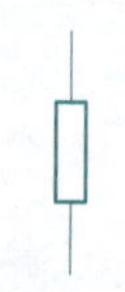

图 7-2　电阻效果

图 7-3　LED1 和 LED2 效果

步骤四 绘制三极管。

(1)使用多段线命令：起点宽度 0，端点宽度 3，绘制箭头；完成箭头绘制后，将起点和端点宽度均设置为 0，绘制箭头后的直线。

(2)使用旋转命令，将箭头旋转至合适的角度。

(3)使用直线命令，分别绘制水平直线、垂直线和斜线。

(4)使用移动命令，将箭头移动到合适位置，绘制效果如图 7-4 所示。

步骤五 绘制 LED3。

(1)使用多边形命令，绘制边长为 30 的三角形。

(2)使用直线命令，绘制水平直线和垂直线，绘制效果如图 7-5 所示。

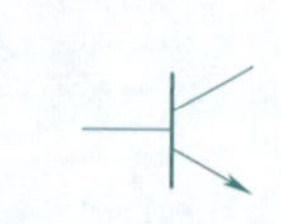

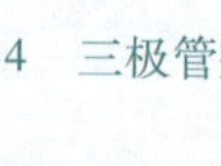

图 7-4　三极管效果

图 7-5　LED3 效果

学习笔记

步骤六 绘制电容。

(1)使用直线命令,绘制两条平行水平直线。

(2)使用直线命令,打开中点捕捉,从两条水平直线的中点分别向上、向下绘制两条垂直直线,绘制效果如图 7-6 所示。

步骤七 绘制电源。

(1)切换至“电源”层,使用直线命令,完成 4 条水平直线的绘制。

(2)切换至默认“0”层,使用直线命令,从最上和最下 2 条水平线的中点分别向上、向下绘制 2 条垂直线,绘制效果如图 7-7 所示。

图 7-6　电容效果　　　图 7-7　电源效果

步骤八 连接各元器件。

(1)使用移动命令,将步骤二至步骤七所绘的各元器件移动到相应位置。

(2)使用复制命令,将步骤二所绘对象复制到 R2、R3、R4、R5、R6 图形对象对应位置,将步骤四所绘对象复制到 V2、V3 图形对象对应位置。

(3)使用复制命令,将步骤六所绘对象复制到 C2、C3 图形对象对应位置,并使用旋转命令,将 C2、C3 图形对象旋转 90°。

(4)使用直线命令,补充完整各元器件间的线路。

步骤九 绘制节点。

(1)使用圆命令,绘制半径为 7 的圆。

(2)使用图案填充命令,选择 SOLID 图案填充圆。

(3)使用复制命令,将填充后的圆复制到相应的节点处,绘制效果如图 7-8 所示。

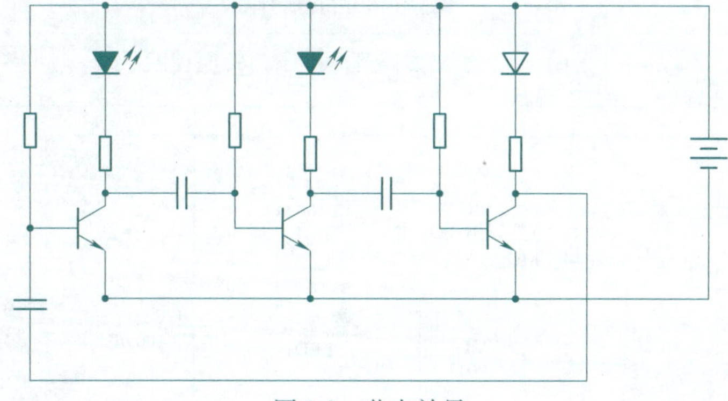

图 7-8　节点效果

步骤十 切换到“文字”层,添加文字注释。

(1)创建文字样式。

(2)添加文字注释。

(3)使用文字编辑命令修改文字。

学习笔记

步骤十一 使用矩形命令，绘制外矩形边框，绘制效果如图 7-9 所示。

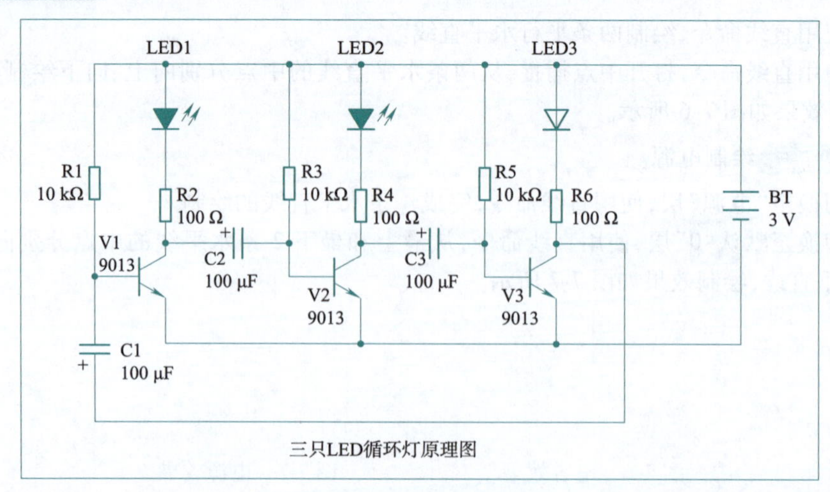

图 7-9　LED 循环灯原理图最终绘制效果

同级操练

综合利用所学绘图命令，完成题图 7-1 和题图 7-2 原理图的绘制。

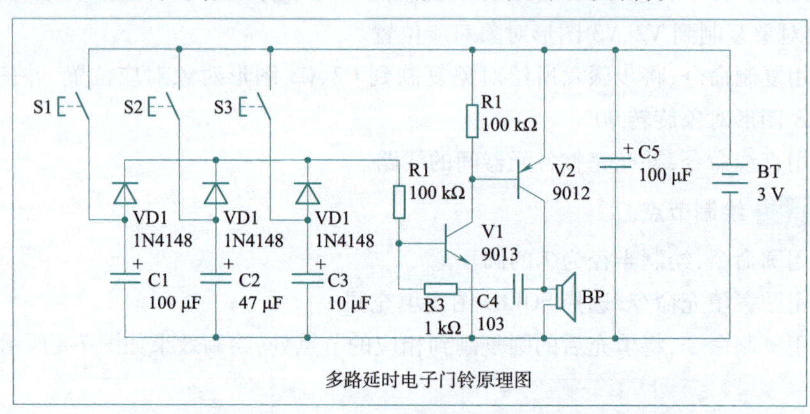

题图 7-1　绘制多路延时电子门铃原理图

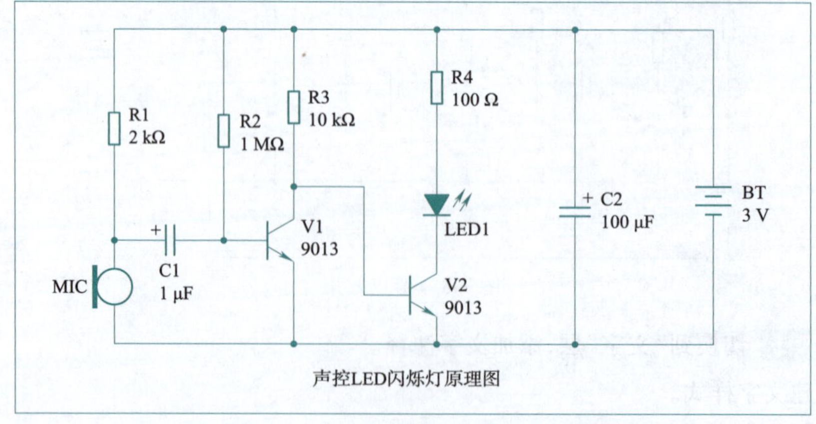

题图 7-2　绘制声控 LED 闪烁灯原理图

学习笔记

任务二　数字电路图的绘制

可调自激多谐振荡器的原理图设计主要依赖于电子元件(如非门电路、电阻、电容等)的相互作用,通过控制电路的充放电过程实现振荡。本任务绘制基于非门电路(4069 芯片)的可调自激多谐振荡器原理图,如图 7-10 所示。

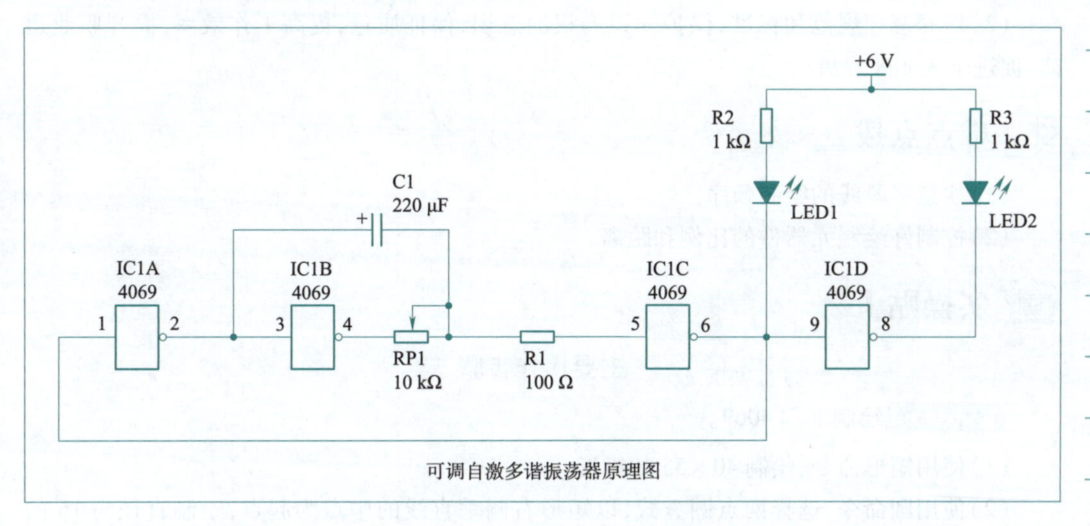

图 7-10　绘制可调自激多谐振荡器原理图

任务分析

本任务所绘可调自激多谐振荡器原理图,主要包括电阻、LED、电容、非门、滑动变阻器等元器件。绘制时需要使用符合国家标准和行业标准的电子元件,同时还要遵守行业相关标准、规范完成绘制。可使用直线、矩形、圆、填充、多边形、多段线、复制、旋转、修剪、文字和移动等命令完成绘制。

任务目标

1. 知识目标

(1)掌握直线命令的操作方法;

(2)掌握矩形命令的操作方法;

(3)掌握圆命令的操作方法;

(4)掌握多段线命令的操作方法;

(5)掌握复制命令的操作方法;

(6)掌握旋转命令的操作方法;

(7)掌握修剪命令的操作方法;

(8)掌握文字命令的操作方法;

(9)掌握移动命令的操作方法;

(10)掌握填充命令的操作方法;

学习笔记

(11)掌握多边形命令的操作方法。

2. 能力目标

(1)能够整合所学的知识和技能,绘制可调自激多谐振荡器原理图;

(2)能够根据现行的行业标准、规范、规程,分层绘制图纸。

3. 素质目标

(1)培养踏实肯干、勇于创新的工作态度,具有良好的职业道德、敬业精神和社会责任心;

(2)培养遵守规范和标准、保护知识产权的意识,保证质量,提高工作效率,提升职业道德,促进个人职业发展。

难点点拨

(1)注意多段线的绘制顺序。

(2)控制好绘制元器件的比例和距离。

实操贴士

主要操作步骤

视频 数字电路图的绘制

步骤一 绘制非门4069。

(1)使用矩形命令,绘制40×55的矩形。

(2)使用圆命令,选择两点圆方式,以矩形右侧垂直线的中点为起点,绘制直径为16的圆,绘制效果如图7-11所示。

步骤二 绘制LED灯。

(1)使用多边形命令,绘制边长为30的三角形。

(2)使用直线命令,绘制垂直线和水平直线。

(3)使用图案填充命令,选择SOLID图案填充三角形。

(4)使用多段线命令,起点宽度0,端点3,绘制箭头;完成箭头绘制后,将起点和端点宽度均设置为0,绘制箭头后的直线。

(5)使用复制命令,复制箭头对象。

(6)使用旋转命令,将箭头旋转至合适的角度,绘制效果如图7-12所示。

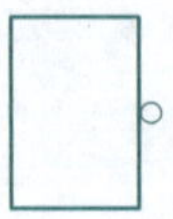

图7-11 非门4069效果

图7-12 LED灯效果

步骤三 绘制电容。

(1)使用直线命令,绘制两条平行的垂直直线。

(2)使用直线命令,打开中点捕捉,从两条垂直线的中点分别向左、向右绘制2条垂直直线,绘制效果如图7-13所示。

步骤四 绘制滑动变阻器。

学习笔记

(1)使用矩形命令,绘制 80×20 的矩形。

(2)使用直线命令,打开中点捕捉,从矩形左右两端垂直线的中点分别向左、向右绘制两条水平直线。

(3)使用多段线命令,起点宽度 0,端点宽度 3,起点为矩形上端水平直线中点,向上绘制箭头;完成箭头绘制后,将起点和端点宽度均设置为 0,绘制箭头后的垂直线和水平线,绘制效果如图 7-14 所示。

步骤五 绘制电阻。使用复制命令,复制步骤五所绘矩形和矩形左右两端的水平直线,绘制效果图如图 7-15 所示。

步骤六 连接各元器件。

(1)使用移动命令,将步骤一至步骤六所绘的各元器件移动到相应位置。

(2)使用复制命令,将步骤一所绘对象复制到 IC1B、IC1C、IC1D 图形对象对应位置处,对象间的距离调整至合适。

(3)使用复制命令,将步骤二所绘 LED 灯复制到 LED2 图形对象对应位置处。

(4)使用复制命令,将步骤五所绘电阻复制到 R2、R3 图形对象对应位置处;复制完成后使用旋转命令,将 R2、R3 图形对象旋转 90°。

(5)使用直线命令,补充完整各元器件间的线路,绘制效果如图 7-16 所示。

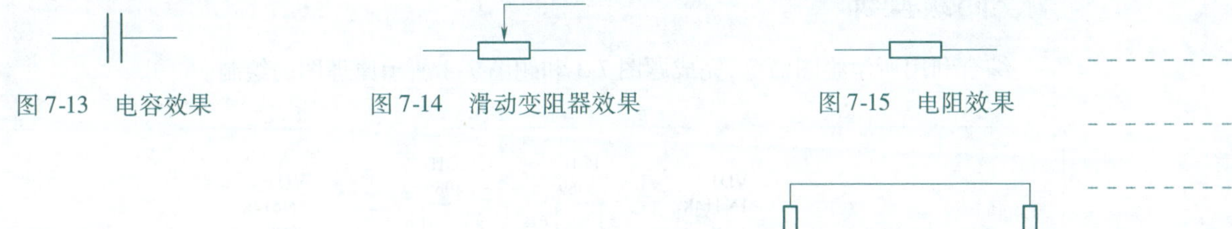

图 7-13　电容效果　　图 7-14　滑动变阻器效果　　图 7-15　电阻效果

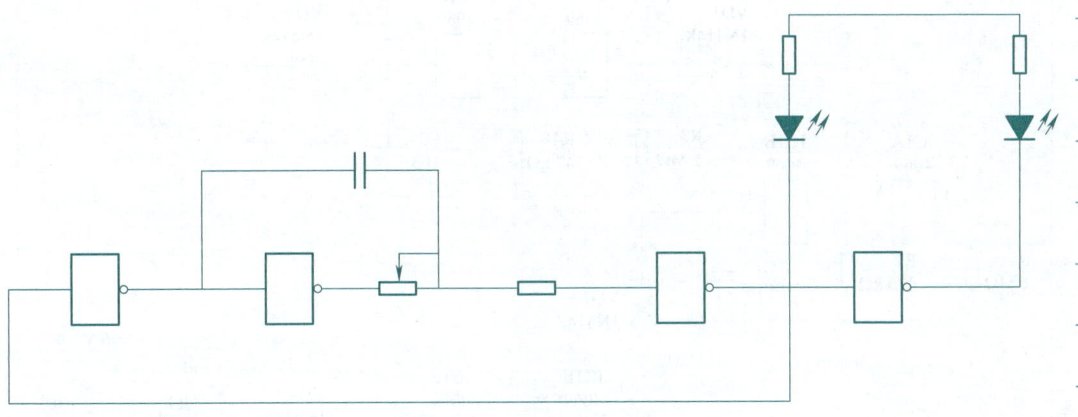

图 7-16　连接各元器件效果

步骤七 绘制节点。

(1)使用圆命令,绘制半径为 7 的圆。

(2)使用图案填充命令,选择 SOLID 图案填充圆。

(3)使用复制命令,将填充后的圆复制到对应的节点处。

步骤八 添加文字注释。

(1)创建文字样式。

学习笔记

(2)添加文字注释。

(3)使用文字编辑命令修改文字。

步骤九 使用矩形命令,绘制外矩形边框,绘制效果如图 7-17 所示。

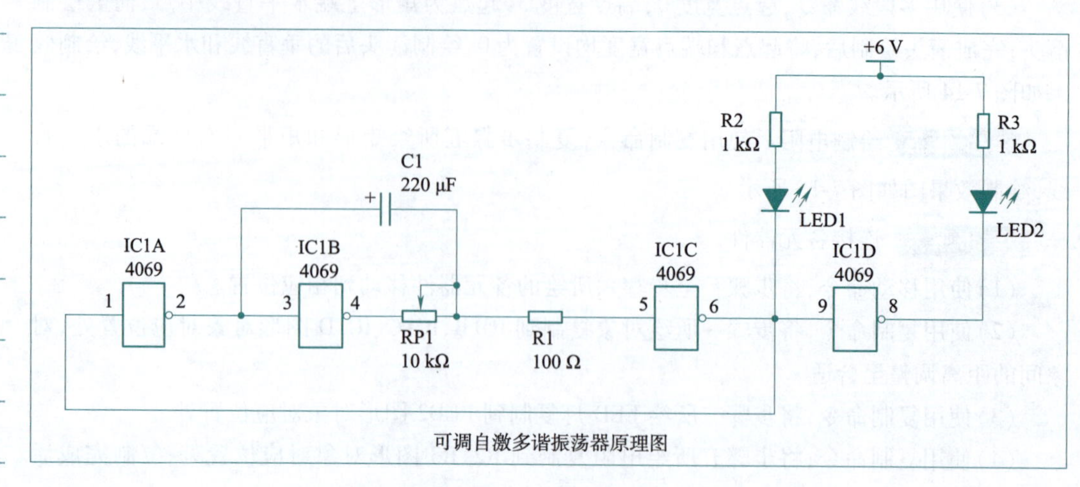

图 7-17 可调自激多谐振荡器原理图最终绘制效果

同级操练

综合利用所学绘图命令,完成题图 7-3 和题图 7-4 所示原理图的绘制。

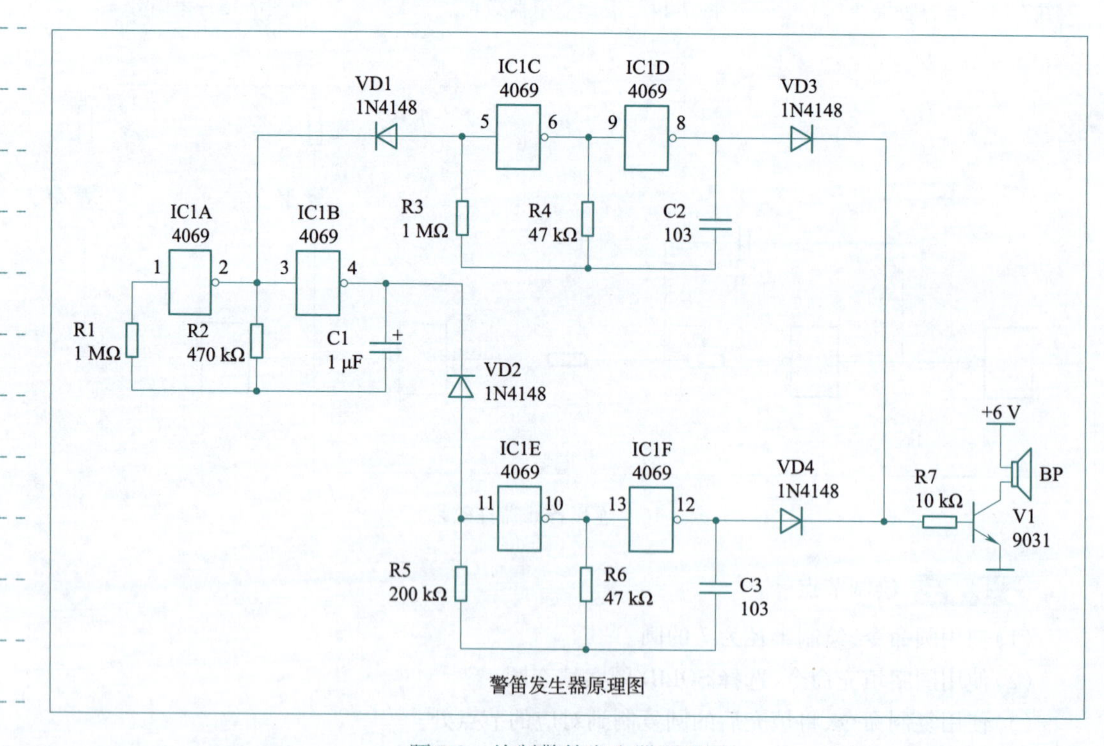

题 7-3 绘制警笛发生器原理图

学习笔记

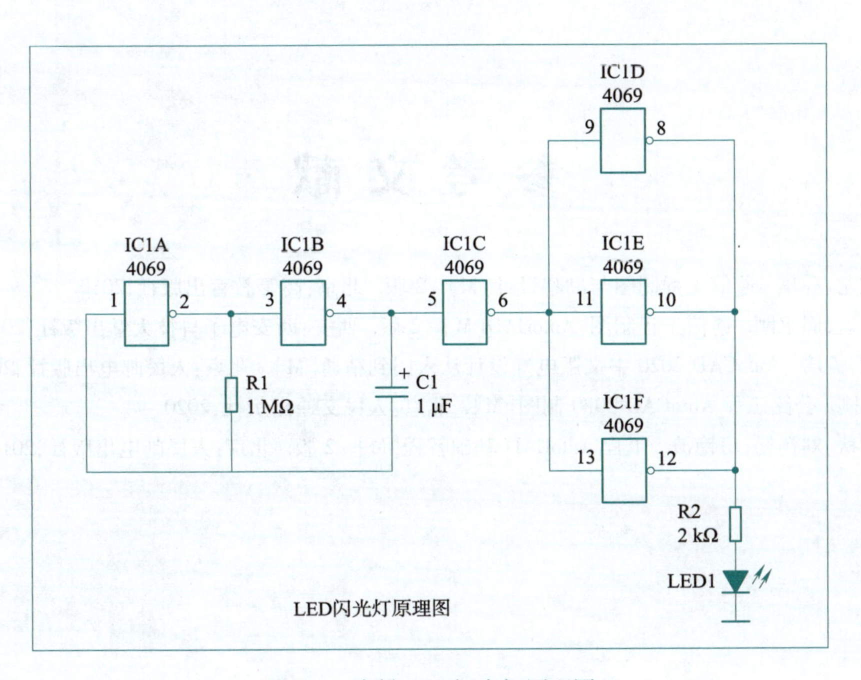

题 7-4 绘制 LED 闪光灯原理图

参考文献

[1] 杜文龙,乔琪. 通信工程制图与勘察设计[M]. 2版. 北京:高等教育出版社,2019.

[2] 李转运,周永刚. 通信工程制图:AutoCAD[M]. 2版. 西安:西安电子科技大学出版社,2019.

[3] 张哲,孟培. AutoCAD 2020中文版电气设计从入门到精通[M]. 北京:人民邮电出版社,2021.

[4] 阮志刚. 公路工程AutoCAD 2020制图[M]. 北京:人民交通出版社,2020.

[5] 焦仲秋,刘畅畅,房艳波. 工程AutoCAD基础教程[M]. 2版. 北京:人民邮电出版社,2019.